AF493083

Plácido Mora

Las termitas ilustradas

Editorial
Lector Cómplice

Caracas, 2018

Contenido

Pero…
¿será posible que yo haya percibido
esta espectacular experiencia?
¿Vivir, y no soy nada?

DEDICATORIA

A mi familia, mi autocontenido esencial.

A Ruth, mi único amor.

Mi gratitud

A mi asistente de toda la vida, señora Merlin Fajardo Parra que, con paciencia y perseverancia, me ayudó y me soportó siempre.

INTRODUCCIÓN

Un buen día nacemos, Dios nos avienta en algún lugar del planeta, no nos pregunta nada, pero nos dice: primero agárrate de la teta y no la sueltes, porque te puedes morir, además, nos va presentando poco a poco el esplendoroso paisaje de la naturaleza y el cosmos. Nos dice, abre los ojos y los oídos, ¡despierta! Te llevaré de la mano a una gran aventura… Tendrás libre albedrío para elegir, ¡claro!, elegir los regalos que te gusten o mejor, vayas seleccionándolos en el tiempo. ¿Te gustan las flores y el rocío en sus pétalos, la luz? Observa el sol, la luna y las estrellas, seguro te interesarán. Verás también mariposas de todos colores, los insectos, los becerritos, burritos, y mucho más. ¿Se te parecen a ti? ¿Sabes que junto a ti funcionan con mecanismos similares? Descúbrelos.

Yo sí creo que tenemos libre albedrío. Por ejemplo, a mí de niño me llevaron al médico un buen día, y ya está. Allí estaba mi juguete: la linternita para ver los oídos, y elegí, yo elegí ser médico. ¡Enhorabuena! Lo mejor que pude elegir para mí y para muchos. Creo que lo hice bien en mi circunstancia, gracias probabilidades, gracias randomisidad. Feliz de haber dedicado mi vida al ejercicio médico hipocrático y docente. Pero también he tenido mis inquietudes en áreas de la física y la cosmología. He meditado, quizás como todo el mundo, acerca de dónde estamos parados en relación con esta maravilla de cosmos. He leído lo que he podido sin realmente llevar un fichero de citas y bibliografía. Pero bien, así fue y ahora estoy corriendo en los 80 años, y he querido escribir, hacer mención de algunas notas como inquietudes que he tenido. Expresarme en mis propias palabras, de cómo yo he visto el mundo, y también con algo de ficción, e ideas al boleo, las cuales someto a juicio crítico. Aceptaré cualquier comentario con el rigor que sea y también, cualquier alabanza, si ha bien es merecida.

Mis honores a la Universidad Central de Venezuela. Gracias. A la democracia venezolana que corrió en Venezuela entre los años 1960 y 1995, bastante me ayudaron con educación gratuita, un microscopio para cada alumno en prácticas, de materias básicas de medicina, correspondientes. Almuerzos al alcance para todos los estudiantes, tan jóvenes y frescos los alimentos como los estudiantes. Espero haber honrado mi Universidad, mi Hospital Universitario, mis profesores y ejercicio profesional durante 50 años.

Doy fe del buen comportamiento y salud social académica de la Venezuela de esos años. Relación entre la Venezuela que fue y la que es hoy. Me considero digno representante de la historia contemporánea.

PLÁCIDO MORA

Capítulo I
Cuando observamos

Cuando observamos el apabullante momento histórico en el que estamos viviendo con el alto desarrollo tecnológico disponible, y nos informamos de los éxitos de la física teórica y física aplicada, los avances en la cosmología, la biología, la filosofía de la ciencia, los vuelcos que le damos a los conocimientos para ajustarlos a la circunstancias de la ciencia actual, observamos la conquista del hombre sobre el planeta y sus recursos, los cambios en la sociología mundial, los avances y prospección de avances en medicina y "n" circunstancias conexas, nos parece que todo está "hecho ya", no alcanzamos a informarnos de tanto. La simbología nos arropa… y también, a medida que analizamos términos como luz, oscuridad, espacio, tiempo, distancia, macro, micro, positivo, negativo, atractivo, repulsivo, pareciera que nos confundimos más, lo simple nos confunde. Aparentemente términos como infinito, comienzo y fin de las cosas, crean un caos en el cual se nos hace inaprehensible lo pequeño y lo muy grande.

Es asombroso, usamos palabras como conciencia y no la definimos, ni siquiera la entendemos. Cuando nos concentramos en algo creyendo que la verdad es puntual, tratamos de ir al centro y hurgar en lo esencial de las cosas, todo se nos reduce a nada… parece cierto que en nuestro mundo real se oculta la verdad de las cosas, pero nuestra realidad es una gran escena, una coreografía, donde todos bailamos, pero no detallamos al vecino o a otro elemento del tablao… podríamos decir que la verdad es puntiforme y la realidad una coreografía. Si navegamos en Internet, observamos la mecánica robótica, el uso de las simulaciones, la dinámica satelital y la rapidez de los procesos de información computacional y quántica, uno se queda más asombrado de que todas estas maravillas de la actualidad existen gracias a la velocidad de la luz. Se nos olvida a veces que todo lo que hacen las computadoras primero existió en nuestro cerebro, el cerebro humano. Primero navegamos en nuestro Internet cerebral, con nuestra intuición, y nos vamos al fondo de nuestros archivos evolutivos a los comienzos de la historia natural, a ese mundo, primero asimbólico y luego simbólico, el cual permitió nuestra abstracción.

Las computadoras trabajan a la velocidad de la luz, ¿y nuestro cerebro ¿a qué velocidad trabaja? El cerebro ha producido toda la literatura del mundo y en todos los tiempos, y esa misma abstracción es la que ha permitido escribir heroicas páginas de la historia que han hecho claudicar, colapsar y disgustar a muchos cuya bota ha hecho llorar al hombre. Porque somos nada, pero somos algo. ¿Será verdad que la luz tiene velocidad constante y hace que los relojes a esa velocidad se detengan en relación con los relojes en la tierra? No creo ni dejo de creer que la oscuridad y la energía oscura sean lo mismo, pero sí observo que la oscuridad contiene a la luz y no viceversa. La oscuridad es más misteriosa y extensa y más presente que la luz, la luz es más forme. Quizá, la energía oscura sea la esencia del espacio vacío, es un espacio más allá en la velocidad de la luz. Contiene todo el universo en un tris de tiempo. Cuando se apaga la luz, ¿es la huida de esta lo que vemos? La oscuridad nos arropa a mayor velocidad que ella, se desvanece el contenido y nos cubre el continente.

¿Qué es el tiempo esencial?, quizás sea la evocación del espacio esencial y por ello estamos interconectados, enmarañados en un solo ser, un solo ser universal que contiene toda la energía universal y que soporta toda la energía universal. ¿Y entonces? ¿Cómo es el asunto de la entropía que comienza crece y vuelve a comenzar?

Recuerdo con gratitud a mis profesores de la Universidad Central de Venezuela en mi Hospital Universitario, con gran gratitud, y hago referencia a uno de ellos, el cual admiré mucho por su forma de analizar las cosas y situaciones, fue el doctor José Pérez Guevara que en sus clases de clínica médica y semiología médica, debía tener argumentos para responder al bombardeo de las preguntas de sus alumnos." Las pocas verdades que conocemos se nos conviertes en absurdo cuando las llevamos a sus últimas consecuencias", y así estamos todavía, no hay teoría que se resista al análisis final, no conocemos la verdad cruda, desnuda, por ello caemos en el refugio mágico… finalmente irracional, el cerebro claudica y se rinde en la adoración, en la magia (?).

Debe haber una razón que explique la dinámica universal más allá del análisis de movimiento, que explique la síntesis y explique el análisis. En la búsqueda de querer objetivar la función abstracta, tratamos de encontrar el esqueleto de las sombras en forma de energía y espacio exóticos. Buscamos algo que es de lo que no es. No es fotografiar la nada, sino el espacio que esta ocupa y, con ello, ir atrás en el tiempo. Parece que el espacio vacío contiene fuerzas antigravitacionales.

No queda tiempo ya para leer tanto, ver tanto, y todo lo mismo. Llego a creer que tenemos que impregnarnos de nuestro propio pasado, de nuestras propias vivencias y abstracciones en solitario para transmitir nuestra propia apreciación de este mundo. Somos iguales, pero no iguales, nadie camina con mis pies, soy yo mismo el que tiene que caminar, es la historia vivida la que debo contar, es mi apreciación del mundo la que quiero comentar. Los fantasmas o realidades de lo aprendido y vivido ya están en mi cabeza… Por ello no tengo referencias en mi fichero académico. Gracias a los que me enseñaron, y también a los que eventualmente deformaron algunas de mis percepciones. Cómo catalogar si lo que para mí es bello, ¿es bello de verdad?

La necesidad crea la habilidad. Del fondo de los problemas deben salir las soluciones y estas deben ser coherentes, enfocadas al bien de todo y todos, balanceadas con la naturaleza y su historia. Las ocurrencias aparecen en el camino de la vida. Hoy he tenido la ocurrencia de revisar algunas de mis notas y revivir desde debajo del olvido, proyectos que había dejado atrás, creyendo siempre que habría algún tiempo ulteriormente para realizarlos. He encontrado un desastre: las termitas (comejenes) se han tragado parte de mis notas, mis libros y mis fotos. ¡Ay! Mis libros y papeles que tanto quiero y en cuyo polvoriento silencio reposan montañas de propósitos y sueños. Pues bien, esos angelicales animalitos han devorado mis fotos, libros y papeles. Las termitas trabajan mucho comiendo y transformando, son una sutil red laboral.

El balance del trabajo en equipo disciplinado, con comunicaciones de alguna manera perfectas y la deposición de desechos adecuada para construir sus casitas, dejando atrás labranzas de deforestación. ¡Caramba!, cuánto pensamiento humano codificado se han tragado. ¿Y si ocurriera una trasmutación evolutiva y cada termita se comportara como una neurona o un núcleo neuronal, y todo el termitero llegara a ser como un cerebro? ¡Uff!, fantasías… podrían adquirir conocimientos complejos muy rápidamente. Sentí que mis propósitos se quedaron atrás de mis conocimientos. La riqueza es buena hasta cierto límite, más allá se puede convertir en un problema, veamos las historias de los ricos de nuestro mundo. Bien, acumulé libros y papeles y una aceptable biblioteca.

Algunos de estos libros leídos y releídos, otros leídos a medias, otros leídos en sus prólogos o introducciones, y estos dejando a la vez vibrante el propósito de terminarlos alguna vez… quizás después de la jubilación, después que hubiese vendido barato mi tiempo y libertad, ¡claro! Por la subsistencia. Cosa más absurda, me olvidé de que las polillas engullirían mi propia estructura, mi propio cuerpo, apagando luces, cortando cables, tapando drenajes, bloqueando vías, abriendo baches y haciendo de mi cuerpo una criba. Al mismo tiempo derrumbando el edificio que portaba mis atributos cognitivos, reflejos de sensibilidad, gracia para el lenguaje y destrezas corporales. Creí que mantendría mi juventud, vivacidad, motricidad, visión y sentidos, memoria y todas mis herramientas incólumes, ese aparato que porta mi yo. Nooo, yo soy otra cosa, soy la función, el cuerpo es el aparato que porta mi yo, ¿de dónde salgo yo…? ¿Salgo? No, todo el verbo salir conjugado en todos los tiempos gramaticales. Salgo, salí, salieron, saldrán todos los yo de la existencia, ¿saldré?, y aquí viene el gran ¡embrollo! ¿El cuerpo reproducido "n" veces y el yo reproducido "n" veces? ¿Cuántas guitarras para las mismas notas musicales? ¿Cambian las guitarras o cambian las notas musicales?

Todos creemos que hubo un principio y por tanto inferimos un fin, ¿fin del espacio y el tiempo? ¿Fin de las notas musicales? O fin de las guitarras…

Si hubo un principio, hubo un tiempo chiquitico, que se acumuló y ahora es grandote ¿se ha acumulado el tiempo?

Entonces la eternidad es un acúmulo de tiempo con un chorro que le cae del presente y un vaso comunicante con el futuro. ¿Y por qué tengo que pensar en tiempo acumulado y que el yo se ha reproducido muchas veces?

Reproducir es repetir, ¿qué cosas se acumulan? ¿yo?, pero yo soy muy complejo, constituido por muchos yo, las partículas, subpartículas, sub-subpartículas, moléculas, células y cada una de las cosas que se diferencian reclaman su yo. ¡Y qué interesante! Mientras más ligero y breve el yo, más conciencia tiene, más presente tiene, (¡¡es tiempo dilatado!!). ¿Más eterno es verdad? Pero más abstracto aun: somos ondas que se suman, restan, aniquilan, existen y no existen, expresan una manifestación breve, a veces solo si se elevan al cuadrado. Ellas también tienen su yo, estas ondas-partículas pueden expresar al instante su acción en regiones diametralmente opuesta del cosmos sin interesar la distancia. Hablamos de ondas y partículas, pero nunca podemos diferenciarlas tangiblemente, todo funciona, las vemos o percibimos y desaparecen luego…

¡Qué locura! Y ¿es irreal la existencia? Y ¿yo qué hago? ¿Dónde estoy? Bueno, soy y no soy, ¿en cuánto tiempo?, y hablando de tiempo, ¿qué cosa es esta abstracción? ¿Quién lo define? Si está asociado al espacio, ¿cuál es la unidad del espacio? Quizá sea un portal o el vértice de un agujero de gusanos, sí y no. Tampoco es fácil visualizarlo en la memoria de información, pero ¿se mueve o es el tiempo justamente el movimiento? Tratamos de ver tangible lo que parece intangible, agarrar el sonido sin la cuerda que vibra, interpretar la vida sin la estructura que lo soporta: el cuerpo vivo. Hablamos de memoria, pero esta es una función de evocación, y ¿qué cosa es la grabación?, es lo tangible, la estructura de las cosas, ello me permite inferir que la grabación es una estructura y la evocación, memoria, es una abstracción, lo virtual.

La sumatoria de las conciencias "yos" obtiene su máxima estructura en el cerebro humano. El espacio tiempo es la estructura de la conciencia y esta en su esencia parece ser el infinita, la interconectividad universal, quizás con las características de un diámetro y la forma de una esfera. Pero un diámetro corresponde a dos fuerzas que se apoyan en un punto central con movimiento infinito en sentido centrífugo, y ese centro se mueve transluminalmente. Y si se mueve es y no es infinito, sería estático atemporal. Algo estático en el contexto universal sería la inexistencia. Vivimos en un mundo de funciones, todos los verbos de alguna forma expresan un movimiento simple o complejo. Una función para que se exprese tiene que tener una estructura que la contenga, en caso contrario la función es inexistente. Ejemplo: correr es una función, pero para que se exprese algo o alguien tiene que correr.

La vida es una función compleja, comer, evacuar, dormir, reír son funciones. ¿Dónde están estas funciones sin el ser vivo que las ejecute? Los dinosaurios existieron, sus vidas y sus antecesores reposan en el silencio. Debe existir la comunicación supraluminal, la cual ha sido visualizado por muchos. Las ondas gravitacionales en alguno de sus espectros deben ser más rápidas que las ondas de luz, y debe haber un espacio por debajo de la física cuántica, sub subcuántica, un estrato supra-electromagnético.

Las matemáticas convencionales funcionan muy bien en el estrato luminal, pero no tan bien supraluminalmente, estas limitaciones matemáticas nos mantiene bloqueada la razón. Y no podemos incursionar por encima de la realidad en que vivimos y vive el universo actualmente. Ejemplo: en las anteriores condiciones una persona tiene conciencia parcial de sí mismo, pero el cuerpo está formado de "n" unidades vivas que tienen su propia conciencia de su existencia, tienen su pasado, presente y futuro, cada una independientemente, pero interconectadas para producir la conciencia del hombre como un todo. La luz aquí tiene todo el espectro de circunstancias en relación con el tiempo, desde relojes que nos envejece muy rápido, hasta relojes en tiempo dilatado donde envejeceríamos muy lento, todo ese conjunto de eventos está en nosotros. Nuestro presente está condicionado a la velocidad y tránsito de la luz: vemos, por ejemplo, una nube, es nuestro presente, pero para que ese presente sea real, tendríamos que contactarnos con la nube, ello lleva tiempo cronometrable. La luz nos proyecta y nos hace conscientes, pero no tan cocientes. La interconectividad nos hace conscientes, pero no tan conscientes.

El movimiento es una característica de la finitud y también de la infinitud, algo que aparentemente está estático podría estar en una condición de movimiento trasluminal, estaría aquí y en cualquier otra parte más. Si es finito se mueve, tiene forma y estará aquí y allá. Debe haber un tiempo esencial, propio del espacio tiempo, y un tiempo cronometrable, propio de las cosas. Este tiempo cronometrable explica la evolución, en el sentido de un comienzo y quizás de un fin de las cosas, y explica la estratificación incuestionable evolutiva del cerebro humano. El cerebro humano alberga toda la memoria cronometrada. El tiempo y espacio esenciales no tiene historia evolutiva, esta subyace en la conciencia.

Son evidentes datos de paleontología y antropología acerca de la existencia de los dinosaurios hace aproximadamente 76 millones de años, están viviendo todavía algunos de sus huesos. También hay señales de trilobites y otros seres antes y después de los saurios.

Es innegable la existencia de seres que pueblan la tierra ahora, y su comienzo y fin, en ciclos de vida y muerte, ocurriendo en todos los tiempos. Muchos han existido y sus recuerdos reposan en el silencio. Creemos en la existencia, en tiempo de las momias, de figuras muy antiguas plasmadas en piedras, bronce, oro y otros materiales. Creemos en lienzos y fotografías del pasado, seguros de que existieron, y también tenemos en una roca, un canto rodado, implícitos, su origen e historia de su recorrido en el tiempo… y la historia de eventos cosmológicos preexistentes. Se habla de hechos congelados en el tiempo, esto parece como existir sin existir, entonces la nada está llena de grades misterios, parece contener todo el mundo virtual. Contiene el tiempo, no el tiempo cronometrable, sino el palpitar del universo tal como el espejo contiene la forma de quien se mira en él, y cualquier forma que se refleje en él. Entre lo real y lo virtual hay una existencia muy breve cuya secuencia se repite.

Una secuencia es la memoria de múltiples existencias. Desde este punto de vista la memoria es múltiples pasos secuenciales de realidad e irrealidad. La memoria secuencial de estos movimientos es el espacio tiempo cronometrable, los segundos, horas, años, siglos, eones, son solo una estratagema del cerebro, la magia de sus funciones para cronometrar la historia natural no tiene nada que ver con la realidad (¿?).

El hombre ha luchado por precisar situaciones relacionadas con su simbología de comunicación, entender el pasado, presente y futuro, la flecha del tiempo, lo temporal, lo atemporal y como tal, entender el principio de entropía, los efectos de ese algo que nos cambia cada día. Tratamos de explicarnos la historia natural, la existencia de las cosas, las conciencia en sus distintos matices y, por tanto, la memoria y la comunicación universal, lo real aparentemente tangible y lo funcional, ese algo que sale de las cosas en movimientos, es decir, en el tiempo.

Nos complicamos cuando analizamos porque irremediablemente caemos en la nada, nos dispersamos cuando queremos abarcar en el análisis, el todo, ya que entonces nos complicamos en condiciones de movimientos, distancias, formas y volúmenes, y en nuestra matemática convencional, aparecen los "infinitos", y estos infinitos nos meten en un conflicto de imprecisión. Clasificamos mucho para confundirnos más.

En forma sucinta, la memoria involucra dos etapas: la grabación o asimilación de la información, y la evocación, o sea, reproducción en el presente de lo grabado. ¿Qué es lo tangible en estos dos procesos?, yo creo que es la grabación, esta constituye la estructura de la memoria, la evocación es un proceso de retrotraer al presente consciente e inconscientemente lo asimilado, y esto es un proceso con tiempo de procesamiento. ¡Claro! Entendiendo, memoria compleja consciente, con criterio humano de conciencia. Pero es interesante el hecho que cuanto más escrudiñamos en lo cuántico, sub cuántico sub subcuántico, todo se nos convierte en nada intangible, en espacio vacío de la nada, lo cual es la estructura de la conciencia, y como tal es un presente permanente, si es así, no tiene por qué tener pasado y futuro, no tiene por qué tener entropía, es la unidad de espacio tiempo funcionando en un tiempo esencial, es el espacio, la condición que permite el movimiento y se correlaciona con energía oscura a velocidad trasluminal c+. Gracias a esto, el cerebro puede revisar todos los archivos muertos en el camino de la evolución del conocimiento.

Si observamos la multiplicidad de eventos que ocurren en la naturaleza, planeta tierra y cosmos, nos damos cuenta de que estamos viviendo en una estructura múltiple que albergan múltiples elementos que ejercen funciones independientes, y de conjunto que motorizan el sistema. Convirtiéndose estas funciones en también múltiples formas y canales de información. Yo, ser humano como uno de esos elementos o eventos, transmito información y recibo información, y este equilibrio dinámico lo ejerzo a través de canales naturales: los 5 sentidos, intuición, inteligencia e imaginación, todo ello, con su matiz correspondiente en un amplio espectro. Esto quiere decir que toda esta fenomenología integra un gran cuerpo de baile, el cual es la percepción del mundo que tenemos al instante. Ahora, las funciones son abstractas, se ejercen como el sonido en una cuerda o una campana, solo aparece si la cuerda vibra o la campana tañe, de lo contrario no existen.

Moverse, ir, venir, bailar, girar, pensar, amar, concientizar son funciones, y así, asociado a toda estructura, hay una o varias funciones. Las funciones como moverse parecen simples o involucradas en otras funciones, y todas asociadas a alguna estructura. Así, el movimiento es una función primaria y se relaciona con la aparición de algo en lugar de nada. Pareciera que el movimiento y el espacio constituyan la primera unidad de espacio tiempo, y, esta unidad reflejada en sí misma, constituye una estructura de memoria del espacio tiempo en una condición de tiempo dilatado en su máxima expresión, lo cual señalaré con el símbolo c+. Las funciones son ejercidas por estructuras simples o complejas, y son todo lo que existe. Entonces, si existe es una estructura, la cual debe ejercer la función correspondiente. Por ejemplo, la rueda tiene la función de girar a "n" ciclos/seg., si no lo hace, la función no se cumple. Lo abstracto está en que la rueda tiene implícita la función de girar, podríamos decir que, en cada ciclo, la rueda se reproduce, la unidad de espacio tiempo también lo hace en una circunstancia esencial. Transluminal significa expansivo, centrifugo, antigravitacional, siendo esta, la estructura de memoria de la conciencia universal, un presente permanente aentrópico.

A nuestro cerebro le es difícil visualizarlo, esta conciencia se fue estabilizando y evolucionando hasta llegar a una condición entrópica a velocidad c (velocidad de la luz), con predominio centrípeto gravitacional, es en esta condición entrópica en la que está diseñada la estructura y función cerebral. Es difícil pensar en una condición atemporal, sería algo estático. Me refiero a vislumbrar un escenario atemporal, inexistente, sin embargo, pareciera que hay espacio y tiempo atemporal en la evolución de las cosas, detrás del espacio tiempo (termino relativista). Se conciben dos unidades diferentes, espacio y tiempo atemporales. Es el movimiento quien les da unidad, este movimiento es el tiempo. Así parece que lo real sale de lo irreal, existencia de lo inexistente. Eones de años inexistentes.

La cuántica desafía el cerebro, y la intuición, presentando situaciones detrás o debajo de lo atemporal: masa y energía exótica, esqueletos de las sombras. Todas las ciencias, y mucho de las matemáticas, es cuestionable, no cubren explicación veraz y duradera de la existencia y dinámica de las cosas. Hay hilos de unión entre brechas de desunión, cuando nos concentramos en verdades científicas. Pienso que el espacio es la condición que permite el movimiento y este es el tiempo esencial, su reproducción en sí mismo constituye lo que se llama espacio tiempo, un presente permanente transluminal o conciencia primaria. Este espacio tiempo se auto contiene y forma "n" unidades de espacio tiempo autocontenido, pasando así de un universo aentrópico a un universo entrópico, preso en las formas y esclavo de la velocidad electromagnética, un universo gravitacional con tiempos cronometrables. Es interesante pensar cuál es la fisiología del espacio sub subcuánticos, subcuánticos, cuánticos, atómicos, moleculares e intermoleculares, donde se lleva acabo toda fenomenología de la fábrica natural, hay una gran libertad de movimientos en estos espacios invisibles, analizados desde una perspectiva aentrópica.

Es probable un nexo con la energía oscura o exótica.

100 billones de neuronas interconectadas en un prodigioso aparato biológico conforman el cerebro humano, el cual tiene la magia de albergar la historia del universo. La capacidad en su conjunto de hacer malabarismos con la memoria y el tiempo cronometrable. Estratificados en su seno están todos los eventos ocurridos en la historia, en orden de

importancia, la capacidad de autoconciencia, mecanismo de defensa y de reproducción, emociones, toda la mecánica de autocontrol y la capacidad de adaptación permanente. En primer lugar, aprendizajes asimbólicos, previo a todos los lenguajes. Y ulteriormente los aprendizajes simbólicos, evolucionando así a lo que es hoy el cerebro, director de orquesta en la ecología universal. Una neurona es una célula, es un ser vivo poseedor de todas las memorias, con todos los poderes anteriormente descritos en sus respetivos niveles de conciencia y de tiempo.

De alguna manera, las neuronas se asocian para formar la sociedad de neuronas, con formaciones definidas en grupos, se entrelazan todas las memorias para formar el cerebro, en la condición evolutiva de hoy. Podría parecerse a una sociedad de hormigas, termitas, abejas, estas también están enlazadas por conectores químicos y responden al lenguaje asimbólicos (leyes de la naturaleza). Quizás respondan mejor a segmentos del espectro electomagnético. Y toda esta maravilla, encriptada en la molécula de ADN con su poder totipontencial. A nosotros, humanos poseedores de memoria compleja, nos es difícil pensar en términos de velocidades y tiempo dilatados. Y estamos coordinados en tiempos concentrados, cronometrables. Está claro que somos entes de un universo entrópico, y que es bastante arriesgado pensar en un universo aentrópico, tan difícil como construir solo con sentido gravitacional atractivo, olvidando un mundo anti-gravitacional.

Es también llamativo pensar en las herramientas con las cuales trabaja el cerebro y la naturaleza en general. Cuál de estas herramientas será más viable: una esfera, líneas, planos y ángulos o sus formas combinadas. Sí, es observable la tendencia giratoria de todos los cuerpos en el cosmos, así como el predominio convexo de todas las formas tangibles. Correlacionar nuestros pasos y también el de los animales con ciclos/seg., de una rueda o ciclos/seg de ondas electromagnética, con su intermedio de otras ondas. Lo real, aparentemente, produciendo funciones y estas dando forma a un mundo que no entendemos, que en esencia es abstracto, ya que en una condición estática de las cosas sin que estas expresen sus funciones estaría todo muerto sin conciencia. Es el cerebro el que puede sacar cuentas entre lo gravitacional y lo anti-gravitacional, entre tiempo y espacio, entre convergente y divergente, y entre tiempo y distancia, entre presente y futuro, entre finito e infinito.

El cerebro puede abstraerse para expresar la función de lo inexistente, olvida sin borrar y recuerda. El cerebro maneja la información del correr de los años de la historia natural y cósmica. Desde un primer estrato ha evolucionado hasta llegar a los complejos procedimientos de correlación, como se expresa en la situación actual de nuestro cerebro. La conciencia, en un escenario de historia evolutiva, establece con precisión entre primero y segundo, entre principal y secundario y así abstrae la creación de todos los aparatos hechos por el hombre. El cerebro no trabaja a la velocidad de la luz, pero sí correlaciona su uso.

No me digas eso, no me vengas con ese cuento, ¡tú sabes! Cuando tú vas yo ya vengo, frase común en la jerga popular, muy significativa, te estoy advirtiendo que yo soy más listo que tú, más inteligente que tú, que yo proceso primero la información, que yo ando en el futuro con relación a ti, que tú estás procesando la información en mi pasado, o sea, yo ya pasé por allí. En esencia, andamos en el futuro, así es nuestra existencia. Un protón o cualquier partícula física cae permanentemente en el futuro y ese futuro es el espacio que permite la fábrica natural, nuestras respuestas se elaboran en el futuro, las comunicamos en el presente y este presente, ya es un recuerdo, y este recuerdo se aloja en el pasado. Desde las partículas elementales hasta las grandes estructuras del cosmos, tal como las galaxias, están permanentemente entrando en el futuro, y esta dinámica es lo que yo entendería como infinito, el movimiento permanente expansivo hacia el futuro, en la eternidad, sea cual sea la forma que muestre la información en cada momento.

Lo estático podría moverse a velocidad máxima, donde 0 (cero) se aproxima al infinito en una concepción de tiempo dilatado más allá de la velocidad de la luz. Así el universo es un latido muy breve en tiempo esencial, se crea la reflexión de uno sobre sí mismo, pasamos de unidad a multiplicidad y así, el espacio tiempo trasnluminal, es todo, todo el tiempo y nada todo el tiempo. A la velocidad de la luz (c), se recorre 300.000k/seg esto es demasiada velocidad. Supongamos velocidades en la tierra consideradas altas, por ejemplo 20.000 kms/hora, ello significaría 5.5 kms/seg, quiere decir que un segundo en la tierra a velocidad (c) equivaldría a 15 horas, cada hora en la tierra equivale aproximadamente a 0.083 segundos a la velocidad de la luz.

En las cosas está implícita la función o funciones que deban desempeñar, su expresión es dinámica. Es difícil pensar en una condición estática sin movimiento. Correrían eones de años sin correr. No podemos pensar en estas condiciones, no habría funciones. Un espacio estático, un tiempo atemporal, esto sería la inexistencia. Con nuestro cerebro evolucionado, sí podemos pensar que la inexistencia es la base de sustentación de la existencia. Se puede inferir, y lo repito, que el espacio es la condición que permite el movimiento, y que este es el tiempo esencial con características transluminales. De estas dos condiciones inexistente debe haberse originado la unidad de espacio tiempo con la velocidad híperdilatada, por encima de la velocidad de la luz, llamemos a esto ultra velocidad (c+), esta permite un comportamiento expansivo, centrifugo, antigravitacional, aentrópico, lo cual genera el vacío de la nada, esta circunstancia obliga al espacio tiempo a auto contenerse, dando origen a los gravitones, fotones, electrones, protones y otras micro partículas estables e inestables que comprimen el espacio tiempo y, así pasar de una condición antigravitacional a una condición gravitacional, o sea, un universo entrópico en el cual vivimos. En estas condiciones somos esclavos de la velocidad de la luz y otras ondas electromagnéticas, de modo que somos rehenes en un universo entrópico dominado por la velocidad de la luz.

Estas cadenas de partículas anteriormente descritas constituyen una especie de cordón umbilical entre un universo aentrópico (transluminal) y un universo entrópico, en una condición autorregulatoria eterna. El universo aentrópico soportaría toda la energía del universo entrópico, si fuera posible llevar todo el cosmos a un solo y único espacio tiempo.

Ahora, ¿se generó el espacio tiempo de condiciones separadas de espacio y de tiempo, previas inexistentes? ¿O estas circunstancian percibidas nítidamente por nuestra conciencia humana compleja, representó el verdadero Big Bang? La unidad de espacio tiempo representa la forma primigenia de acción y reacción, originando el movimiento giratorio y/o ondulatorio transluminal, esta condición nos hace conscientes y presentes en cada uno de los rincones del universo entrópico.

El universo aentrópico y antigravitacional, y el universo entrópico gravitacional se retroalimentan en un eterno nexo de equilibrio dinámico. El universo entrópico, limitado por la velocidad de la luz y, por tanto, en el movimiento cosmológico tangible, pareciera que nos limita la posibilidad de desplazarnos en el cosmos con velocidades aentrópicas. Razón tienen los que piensan que se podría hacer una máquina del tiempo para aventarnos más lejos de lo que podemos llegar, Si utilizáramos el conocimiento de alguna súper desarrollada civilización que cuantificara sus cálculos en términos aentrópicos, entonces sí pudiéramos ubicarnos en cualquier parte del cosmos. ¿Cuándo lo lograremos?

Conciencia es existencia, conceptualizándola así, una partícula sub subatómica es conciencia, y la unidad de tiempo espacio es conciencia, así hay aspectos permanentes de conciencia, cada una ocupando un espectro de tiempo y ejerciendo un espectro de velocidades en el cual se mueven cada una de las cosas. Ahora, todo esto lo estoy escribiendo utilizando una estructura de memoria compleja, que es la conciencia humana, medio y condición a través de la cual percibimos ese algo multi-multi poliespectral y dinámico que es el universo, visto desde su concepción cuántica hasta su concepción cosmológica, visto desde el presente y visto con todo el contenido de historia natural, en estratos de hechos ocurridos, que ocurren y presumiblemente ocurrirán. Tenemos una conciencia de nosotros, pero es una conciencia incompleta en cuanto que somos estructuras de memoria con mucha información, en módulos con sus respectivas conciencias individuales, cada célula, cada elemento que nos constituye, conforman una conciencia, la coordinación de todas ellas nos lleva a nuestra autoconciencia.

Todo nuestro ejercicio vital, si bien es individual, tiene repercusiones colectivas, desempeña funciones y, en conjunto crean el comportamiento colectivo, a su vez, es el reflejo de nosotros, en nosotros, y de otros en nosotros. Todos los hechos tienen un matiz personal. Circunstancia que nos caracterizan y nos hace individuales. De aquí en adelante la conciencia nos permite algo mágico, darnos cuenta de que somos colectivos, que formamos parte de una red y podemos interpretar el bien y el mal, podemos conjugar muchos factores para actuar como entes, individuales y colectivos. Todo estamos dotado, bien dotados, en una estructura maestra que no le falta nada. Gracias a nuestra conciencia, ahora con conciencia, averiguamos y somos como somos, porque estamos en este mundo: por qué el Planeta Tierra, una parte del inmenso contenido universal.

Pero estamos atrapados, queremos volar a las estrellas. ¿Y por qué estamos atrapados? ¿Por qué queremos volar a las estrellas? Tenemos que alcanzar velocidades trasluminícas o súper velocidades, obtener un cerebro más rápido y dejar este cerebro que tenemos en la historia subconsciente. Ya es tiempo de que el hombre actúe con el apoyo de la ciencia y tecnología actuales. Debemos convencernos de que, actuando sobre nosotros mismos, haciendo y acelerando mutaciones beneficiosas, favorables, podremos salirnos de esta cárcel. De una condición entrópica que nos hace rehenes de la velocidad de la luz. Ya es hora de que los niños empiecen a nacer con los atributos de este universo y alcances actuales del hombre incluidos en un súper ADN. Los niños deberían nacer sabiendo idiomas, con toda la simbología científica actual, genéticamente aprendida, y que las matemáticas e invenciones mecánicas fluyan solas, que no haya que inventar máquinas con criterio entrópico, deberíamos nacer con todos estos atributos automáticamente aprendidos. Ya el ADN debe pasar a súper ADN. Y traer listos, implícitos, todos los automatismos necesarios para seguir adelante con nuevos y eficientes proyectos de avance, con criterios y ajustes aentrópicos. El criterio entrópico actual se come en la educación todas las vidas. Todo lo que es el cerebro actual debe pasar a constituir un subconsciente más poderoso… el próximo cerebro, más vigoroso, que utilice conscientemente velocidades superiores. Simbología diferente trasluminal, en tiempo esencial, aentrópico, que nos permita ingresar al cosmos con decisiones ultra rápidas.

Si un avión no vuela no cumple la función de volar. Si un ser vivo, el hombre, no automatiza este mundo entrópico con una versión avanzada de su ADN no podrá optar por otra súper función consciente y con libre albedrío.

La versión del ser vivo actual es a cada instante, comparar la data aprendida de toda la historia natural con la data de cada momento vivido, con la información que permanentemente entra por los sentidos, así, toma decisiones de cada situación que confronta, por ello, el pasado grabado en el subconsciente es tan importante para nuestra respuesta de conducta, algo espectacular e individual, de allí que las respuestas psicóticas, delirantes y otras conductas psicopáticas, conforman alteradamente sus respuestas en el entorno.

Las respuestas del futuro, entendiendo futuro como los próximos tiempos cronometrables, deben ser confiadas a los automatismos subconscientes y, la conciencia, debe dar un salto a velocidades súper rápidas, por encima de la velocidades electromagnéticas, que permitan comunicarse tangiblemente con el espacio exterior y colonizar el universo con simbolismos por encima de las matemáticas y físicas entrópicas, esclavas de la velocidad de la luz, de esta forma dejaríamos de ser rehenes como hasta ahora. Ni siquiera la inteligencia artificial nos ofrece mucho, hay que acelerar los procesos a velocidades con criterio aentrópico transluminal.

Ya vislumbramos que hay que tomar otros caminos, porque por este, es muy lejos, muy lejos para cambiar de hogar.

Si consideramos la velocidad de procesamiento de información cerebral, y quizás biológica en 1.5 a 120mts/seg, la información que llega al cerebro en tiempo dilatado y que percibimos a través de nuestros sentidos, tiene un retardo en procesamiento de 0.9999999995 a 0.9999996 de la velocidad de la luz. El cerebro es muy lento en relación con la velocidad de la luz, por ello olvida y se confunde… es abismal la velocidad de las computadoras y la evolución hacia la inteligencia artificial. Sin embargo, esta es lenta con relación a las dimensiones del cosmos y la tarea que nos espera si queremos salvarnos, con los rasgos de nuestra conciencia, y no quedarnos como automatismos biológicos acoplados a un ADN histórico, debemos actuar.

¡Adelante ingeniería genética! No debe haber una aniquilación humana antes de conseguir ultra velocidades y súper velocidades de acción, con conservación de nuestro libre albedrío, esto es, conciencia clara. Escoger, tomar decisiones con criterio personal, es la máxima expresión de la conciencia humana.

Quizá lo que se libera en el complejo QUARZ-GLUOM-PLASMA son gravitones, estos están permanentemente presentes en el cosmos, como elementos de intercambio autorregulado entre velocidades entrópicas y aentrópicas.

Es la dinámica de una ultra velocidad, en tiempo esencial, la que crea el espacio vacío de la nada y que, a su vez, es la energía oscura autocontenida la que dinamiza el principio de equivalencia desde un gravitón hasta un protón, desde cualquier forma de la diversidad hasta una galaxia, cayendo permanentemente en el futuro, o sea, en la condición aentrópica.

Ya la física y la biología deben emprender la conciencia de lo que hasta ahora es inconsciente, y que es la retroalimentación entre un universo aentrópico (inconsciente) con un universo entrópico, donde actualmente estamos atrapados. Todo el aparataje simbólico actual debe ser revisado y ajustado a una nueva realidad, con un súper ADN, súper velocidad y súper cerebro. Tenemos que tomar las riendas de las súper velocidades y así entrar en la conquista del cosmos "in total", quizá ello sea lo que nos hace vislumbrar acciones efectivas de civilizaciones superiores, lo cual nos hace también consciente de nuestra inferioridad ante un cataclismo cósmico, bélico, que nos pudiera confrontar. En el supuesto de que eventuales civilizaciones superiores nos invadan.

Capítulo II
La abstracción

A través de mi vida, cada día aumenté mi admiración y asombro por las funciones biológicas, muy especialmente por la estructura y función del cerebro. ¿Cómo hace el cerebro para enrumbar la atención hacia los confines de la historia, tomar atajos, salvar atajos, y cada vez penetrar más profundo en la inmensa biblioteca de los recuerdos remotos y compararlos con los recuerdos más recientes? No basta tomar los datos aprendidos, hay que adentrarse solo, asentir y disentir, comparar nuestra propia experiencia con la experiencia oculta ancestral. Cuán difícil ser objetivo en esta tarea, quizás nunca logre saber cómo es el proceso de aprehensión de datos. Sacamos conclusiones leyendo en la oscuridad.

Podemos decir que abstracción es la capacidad que tiene el cerebro de concentrar la atención en nuestro pasado simbólico y analizar nuestra historia primigenia, revisar archivos ocultos y, de ellos, sacar conclusiones asombrosas. Podemos concluir que es de la abstracción humana de donde ha salido todo lo que es la civilización en sus múltiples aspectos. Toda idea se genera y procesa en la maquinaria de la abstracción cerebral, es esta la que les da conciencia a las ideas para incorporarlas o no, a los hechos actuales y darles contenido de verdadero o falso, como verdad o como mentira. La ciencia no ha concluido. Lo abstracto es una inimaginable función inexistente, de allí han salido todos los inventos y aún más, procesos de síntesis.

La abstracción es un trabajo que hace el cerebro en la búsqueda de condiciones virtuales ocultas que respondan a nuestras interrogaciones. Podría decirse que la abstracción se ejecuta en tiempo dilatado, que la abstracción es convergente, que ocurre muy cerca del espacio-tiempo-esencial. Es un punto de congruencia, quizás el centro de una esfera, para hacer de esta la forma geométrica natural esencial. Es la estructura de la conciencia. El centro de la esfera pareciera ser un portal donde se interconecta con el vacío de la nada, centrifugo en tiempo c+ (mayor que la velocidad de la luz c). Es una estructura de memoria para expresar lo inexistente. Pone una marca a una función nula, y le da existencia, no es real, pero discrimina la realidad.

La abstracción se define como una realidad sin sujeto, nos metemos en espacios muy oscuros de la existencia, espacios donde la conciencia es gris. A esta altura de la evolución nuestro cerebro no puede abstraerse en tiempo dilatado con completa conciencia, pensamos en tiempos concentrados, por ello, todos los hombres de ciencia cometieron y cometen errores. Por abstracción vislumbro una evolución cerebral, en la cual la conciencia trabaje a tiempo dilatado en un ambiente antigravitacional. Todas las figuras geométricas, en una o dos dimensiones, son abstractas puras. Las figuras o formas de las cosas son tridimensionales o más. Cada hecho del pasado parece estar encriptado en nuestro cerebro tal como fue y, de ese material, en condición virtual, produce los hechos de creatividad. Podríamos decir que la vida es un recuerdo permanente, presente, y el presente es un recuerdo.

La muerte es el olvido de la vida, pero no es un recuerdo de la vida, el recuerdo de la vida es nacer, aceptamos como muerte la inconciencia de la conciencia, esto es una circunstancia caótica de la complejidad humana, hasta ahora.

La velocidad se hace infinita cuando las distancias tienden a 0 (cero) y viceversa, el tiempo se dilata. Toda evocación es una función de una estructura de memoria grabada.

La inteligencia es una función compleja, se despliega desde una estructura de memoria avanzada que es el cerebro humano.

Cuando yo quiero ver algo muy pequeño utilizó el microscopio, es decir, diverjo los rayos desde el objeto a mi ojo, por tanto, comprimo y concentro el tiempo y disminuyo su velocidad, realmente deduzco su esencia. Pero no puedo jugar en su campo real de acción, que es el tiempo dilatado. Cuando algo es muy grande y lo quiero reducir a un tamaño más pequeño y así poderlo observar, converjo los rayos, así lo puedo ver mejor, utilizo el telescopio, claro el telescopio usa convergencia y divergencia de los rayos, según sea el caso, en este caso, aumento en principio la velocidad y dilato el tiempo, tampoco puedo jugar en su propio ambiente ni tocarlos con mis propias manos y sentirlos en mi propia piel, es una forma en que nos esclaviza la relatividad.

Podrá argumentarse que, en el universo, solo hay una sola simetría y que todos los objetos son simétricos, y esta simetría está dada por la velocidad de la luz desde una posición en el espacio tiempo. Somos totalmente simétricos en la imagen en el espejo. Se puede decir que cualquier objeto si tiene diámetro tiene forma, por tanto, tiene existencia, tiene masa y tiene memoria, o lo que es lo mismo, puede evocar funciones.

Si son dos, son diferentes, iguales que se repiten en tiempo esencial, uno que se refleja en sí mismo, ya que se mueve en tiempo esencial, se memorizan dos, y este fenómeno produce toda la diversidad evolutiva universal.

Nosotros, terrenales, no podemos pensar en tiempo dilatado (c), mucho menos en tiempo híperdilatado (c+), pensamos en tiempo concentrado, y en máximo grado de abstracción nos acercamos a pensar en tiempo dilatado, por ello, cometemos errores en muchas de nuestras decisiones.

Toda conciencia finaliza en un punto, y por un punto solo pasan líneas convergentes y divergentes, líneas paralelas son una abstracción, no son tangibles. Ahora, ¿cuál es la estructura que sostiene a la luz, y sobre qué rieles se desliza su acción? Creo que el espacio tiempo esencial es la circunstancia de intercambio aentrópico-entrópico, en equilibrio dinámico.

Podríamos decir que toda forma es real, es convexa y es finita. El infinito es cóncavo. Cóncavo y convexo son formas, las cuales, a la máxima velocidad o tiempo dilatado, conllevan a trayectos ondulatorios. Los contenidos reconocen otros contenidos solo como convexos. Por ello, las cosas son diferentes. No como contenidos sino como continentes.

Si es real es contenido, convexo, y tiene forma, y si es cóncavo, es continente, no tiene forma, y es aún más abstracto e irreal, lo convexo es múltiple, es contenido. Lo cóncavo es único, es continente, perceptualmente infinito. No podemos tener conciencia de su individualidad en relación con otro, como no ser, sí mismo. Cóncavo es el asiento del futuro y es antigravitacional, es un vector hacia la menor densidad, hacia el infinito, o eternidad, permanentemente tiene posibilidades, nunca se llena… el continente es individual, el contenido forma unidades de la multiplicidad. La finitud es convexa, la infinitud es cóncava. De esta forma cóncavo y convexo cumplen eternamente el principio de equivalencia, uno contiene al otro, el presente real cae permanentemente en el futuro, finalmente el vacío de la nada. Creo que el contenido convexo no tiene conciencia del continente cóncavo, están integrados como una función universal de existir-inexistir, o sea, acción y reacción.

Hacia el tiempo dilatado hay mayor frecuencia, mayor energía, más nítido el presente y la verdad, con menor multiplicidad. Hacia tiempo concentrado hay menor verdad, menor presente, menor frecuencia, menor energía cinética y mayor multiplicidad. A mayor frecuencia hay mayor conciencia y viceversa. Entendiendo conciencia como existencia, presente permanente. Nos cuesta mucho pensar en lo que es muy pequeño o lo que es muy grande e incluirlos en nuestros cálculos (incertidumbre). Tenemos que abstraernos entre tiempo dilatado y concentrado, y ello lo hace el cerebro humano.

La velocidad $c+$ actúa expansivamente, antigravitacionalmente y ello lleva al vacío de la nada, este obliga al espacio tiempo esencial, a autocontenerse. Así se genera el gravitón, el cual establece la interface aentrópico-entrópico. Los gravitones son la primera forma de tiempo cronometrable en velocidad entre c+ y c. Espacio tiempo emerge como un presente permanente en tiempo esencial, no tiene pasado, y como presente y futuro forman un puente infinito autocontiéndose. Forman loops gravitacionales que realmente son tiempos cronometables entre c+ y c. Son memoria esencial primigenia, de modo que cada evento es un encriptado cuántico. Siendo así, la realidad es un movimiento esencial, un presente permanente, la conciencia o existencia con características supraluminales. La auto proyección y autorreflexión se muestran múltiples, haciendo que nuestros sentidos la capturen como multiplicidad en nuestra infinitud.

La unidad de espacio tiempo realmente es una unidad de espacio-espacio en movimiento, vencer la inercia instantáneamente es acelerar a la velocidad de la luz. Creo que la energía oscura a la velocidad c+, está siempre en el futuro del universo tangible, entrópico, o universo cuántico convencional. Cuando el espacio tiempo se autocontiene, genera gravitones con potencial entrópico, ulteriormente, en el tiempo cronometrable, genera electrones y protones con múltiples partículas o eventos inestables intermedios, ello conduce a lo que tangiblemente observamos. Al autocontenerse, la energía oscura genera movimiento giratorio. Podría pensarse que cualquier recipiente está lleno de energía ávido de contenido, así la energía positiva se expresa entrando en la energía exótica (¿?) de modo que la energía oscura tiende a materia cuando se autocontiene, y así crea la condición entrópica. Creo que la palabra universo no acepta el plural. Que la entropía es un ardid que permite hacer del cosmos una máquina de movimiento continuo, y nosotros en la historia natural capturamos sus distintos matices.

Duración es un término muy entrópico, ya sea que lo analicemos a nivel de tiempo cronometrado o a nivel de tiempo dilatado. ¿En dónde están los cielos?, a las cosas les cuesta más irse hacia arriba que caer hacia el centro de la tierra, o cuerpo cósmico, pareciera que el centro de la tierra fuera un portal de intercambio de energía entrópico-aentrópico. Sabemos que grandes masas generan grandes gravedades, como si detuviera el tiempo en su centro, e igualmente, a la velocidad de la luz el comportamiento es similar. Pero la velocidad c+ es antigravedad y permite el movimiento sub-sub cuántico, entrar en el futuro es el infinito tal como lo conocemos, no termina nunca, es la eternidad. Muchos matices de una misma fenomenología, no hay detención del tiempo sino un intercambio sub-sub cuántico, o sea, gravedad antigravedad.

Creo que no puede haber química o bioquímica en un ambiente solo gravitacional, debe haber antigravedad. A pesar de las altas presiones cosmológicas se mantiene la unidad electrónica, protónica y micro particular y nunca se ha logrado fundir todo, por ejemplo, en un súper protón. El cerebro hace muchos cálculos, pero solo a nivel gravitacional. Realmente la fuerza centrífuga antigravitacional crea la fuerza centrípeta del vacío de la nada, la cual, al autocontenerse lleva a la condición gravitacional y a la estabilidad electrónica y protónica. Así, el universo entrópico es autocontenido del universo aentropico. ¡Asombroso! Creo que primero fue la expansión o antigravitación y luego la gravitación. El cerebro es un equipo biológico para la función entrópica, pero el cerebro está en los albores de concientizar el universo aentrópico, lo cual le permitirá trabajar trasluminalmente en conciencia y así conquistar las distancias estelares en otro nivel de súper conciencia. La conciencia es la unidad espacio tiempo esencial, es el futuro de los cuerpos. Los cuerpos complejos con organización de moléculas complejas son los más reciente en la historia evolutiva, ello sería la vida. La conciencia entendida como estructura de memoria compleja y caracteriza al hombre, es la conciencia con los múltiples matices que conocemos hoy.

La evocación con conciencia humana es también una compleja interrelación de memorias que el cerebro culmina con una respuesta consciente. Con la abstracción aumenta el tiempo comprimido. Si con la abstracción aumenta el tiempo comprimido, obtenemos respuestas conscientes tangibles. Podemos decir que convergencia desde nuestro ojo significa divergencia desde el objeto. No olvidemos que, a máxima velocidad, el tiempo se dilata. Cualquier partícula si se acelera entra en el futuro de otra, la cual quedaría en el pasado de la primera. La única partícula que es multisecuencial sin pasado es la energía oscura y esta está en el futuro.

Si cubro una distancia en menos tiempo porque acelero, entonces dilato el tiempo y yo debo rejuvenecer; porque adquiero conciencia de algo que de otra manera me hubiese tomado más tiempo, en cuyo caso, envejecería más rápido. Podría decirse que el contenido de memoria de un cuerpo es inversamente proporcional al contenido de conciencia, entendiendo conciencia como el darse cuenta de su existencia. Ejemplo: el mismo hombre no tiene conciencia a la vez de la existencia de cada una de sus células. Tenemos muchas capacidades, pero no conciencia de cada una de nuestras células coordinadas. Pareciera que no hay percepción, sin multiplicidad la sola existencia sería percibirse, de modo que la unidad de espacio tiempo se percibe a sí misma por lo tanto tiene conciencia permanente.

Dios es una estructura de memoria caótica para nuestro cerebro cuando este trata de construir una fórmula matemática de la majestuosidad de su obra. Nosotros analizamos el cosmos, las partículas, las condiciones temporo-espaciales dentro de una dinámica irreversible, y por tanto, solo encriptamos eventos, dentro del análisis que hacemos ya otros eventos han cubiertos esas dinámicas. Tenemos que analizar dentro del movimiento universal de las cosas. La nada es una estructura de memoria, abstracta, diámetro 0 (cero), tiempo 0 (cero), estaría en todas partes, sería un portal de intercambio virtual y más exótico aun por su atemporalidad sin movimiento, sin cualidad. El regreso en el tiempo se ve difícil, imposible. El viejo se vería más joven y más joven y se hundiría en un mundo virtual.

El vacío absoluto es un espacio de energía exótica donde la energía oscura se autocontiene, creando una vía mediante la cual se ingresa al tiempo cronometrado, llevando el gravitón a formar el espacio entrópico. El lenguaje hablado es evocación del presente, nos hace conscientes de nuestra simbología abstracta, una palabra es como una molécula, y una sucesión de palabras coordinadas traduce un evento vital, una conexión de existencia. El cerebro sintetiza lo abstracto en contenido de memoria y tiempo cronometrable. Hasta ahora el cerebro sigue encarcelado en un universo entrópico que aparentemente se mueve a la máxima velocidad de la luz, el cerebro tendría que manejar velocidades trasluminales, así aspirar a manejar y crear la forma de avanzar más rápido y tangible en el espacio.

Queremos viajar a velocidad muy próxima de la luz, enteritos, pero se vislumbra difícil o imposible. Creo que el gravitón es la primera forma de energía con contenido de tiempo cronometrable mínimamente entrópico y se mueve a mayor velocidad que la luz, por ello atrae a esta. Ninguna cosa o ser nace grande, todo comienza en un punto pequeño, es la multiplicidad la que le da existencia tangible. Creo que la concentración mental es convergente, la verdad es convergente pero la realidad es una coreografía. Desde el mismo momento en que se produjo la primera partícula se inició el tiempo, la finitud y la memoria. He dicho que los símbolos son estructuras de memoria que portan la función abstracta. Ejemplo: un segundo es la palabra que nos concientiza del tiempo, así cada uno de los números lo hace.

Nos revelan en conciencia una circunstancia abstracta que, en este caso, aplicamos en la ciencia. Lo muy pequeño lo percibimos en tiempo dilatado, si queremos objetivarlo tenemos que comprimir el tiempo, y ello conlleva a la multiplicidad, o a la desvirtualización de lo que realmente es la cosa… de manera que un trozo de realidad material, masa, tiene concentrado mucho tiempo dilatado, por ello mucha energía concentrada o comprimida. En el supuesto que este pedazo de materia estallara, volvería al tiempo dilatado y se liberaría mucha energía. En un milímetro cubico de materia hay muchos kilómetros de espacio tiempo autocontenidos. Si quisiéramos reducir, a saber, un planeta como Júpiter al tamaño de una naranja y así desglosar sus detalles, tendríamos que dilatar el tiempo, en ese caso, perderíamos en mucho, el rastreo de sus características originales. Si la energía se expande y ocupa un lugar, este sería el espacio y energía oscuras relativamente negativa. El nacimiento de la existencia es la función de una estructura que es el espacio tiempo que, a la vez, es la unidad primordial de la existencia, el primer gen, la unidad de tiempo y espacio de todas las funciones existentes traducida en la evocación de la memoria de los verbos.

En un cerebro viejo o enfermo el procesamiento de información es muy lento y se expresa en una disminución de las frecuencias cerebrales, a un nivel de delta-theta. El tiempo de lo muy pequeño, tiempo dilatado, no tiene cambios mayores, o sea, muchos cambios. La diferencia ocurre en las cosas en tiempo concentrado, las cosas que van siendo más grandes. Así que lo más pequeño resulta ser continente de lo más grande, en la esencia de este proceso dinámico está la memoria gravada y, como consecuencia mágica, nuestro cerebro percibe las funciones de evocaciones, y estas expresadas en todos los entes de la diversidad natural. El universo aentrópico contiene al universo entrópico. La unidad no es fenomenología, la fenomenología lo da la multiplicidad. Los agujeros negros pueden representar áreas vacías donde se concentra un vector de fuerza que crea la finitud y gracias a esta finitud, las funciones de la física, vida, luz, sonido y la memoria evolutiva de todo lo que existe, un protón, lo creo, es un mini agujero negro de tiempo específico autocontenido, siempre cayendo al futuro o infinito o eternidad.

Todo lo existente en el universo se mueve individualmente en un múltiplo de la velocidad de la luz, o sea, que la luz lo puede rodear en un número de veces mayor a 1. Ejemplo: tantos ciclos por segundo luz o revoluciones por segundo. En cambio, las órbitas estelares se mueven en un submúltiplo de la velocidad de la luz, menos de un ciclo por segundo/luz, menos de un ciclo luz por segundo (¿?).

Creo que nos alejamos o acercamos al horizonte, en cuanto nos acercamos o alejamos del vértice. Creo que el universo no tiene centro ni periferia, cada ser de la diversidad es el centro del universo, de su universo.

No creo que el tiempo y el espacio sean entidades diferentes y que cada uno se mueva a velocidad diferente, por lo menos, a nivel esencial.

Los cuerpos, todos incluyéndome, comen energía oscura o sea futuro, hacia lo centrífugo antigravitacional, y en proporción a sus masas, por ello se ven relativistamente como curvaturas de tiempo espacio cóncavas.

En los latidos del tiempo, la sístole disemina la vida y la diástole prepara el terreno abonado para la vida. Sigue, renace así en el infinito futuro eterno, nacer es un eterno palpitar. Realmente todo movimiento es una reacción tipo turbo jet, la función real es un chorro de energía, es el efecto de una estructura en su existencia, aunque parezca que estamos quietos estamos caminando. Hay abstracciones que están a las puertas del campo experimental, por ejemplo: ¿podemos ver un objeto a menos 273.5 grados centígrados? ¿Se congelan los fotones?

Creo que la convergencia y divergencia son leyes de la finitud. La luz diverge de la fuente y es posible que converja hacia la misma. ¿Somos rayos de luz bidireccionales?

En un cuerpo que gira, su eje, aún imaginario, gira en sentido contrario (acción y reacción). Los pasos del hombre, animales, reptación, cumplen el principio de acción y reacción y son equivalentes a una rueda en su giro.

Quizás uno de los primeros signos de vida independiente fue el movimiento de extensión para alcanzar el alimento, equivalente a retracción como mecanismo de defensa, base esta para la adaptación y la marcha.

La filosofía científica del código genético puede explicar la fisiología del universo, nacimiento y muerte de galaxias y su formación a partir de solo espacio y tiempo. La naturaleza no utiliza infinitos y fracciones, estas son anomalías abstractas. Puntos débiles de las matemáticas, y también así son los supuestos.

El espacio entrópico está formado de gravitones que se mueven en el vacío de la nada. ¿Cómo pensar en la materia a máximo tiempo dilatado? La convergencia perpendicular quizás reúne la mayor energía, de allí las consecuencias del impacto. A mayor cercanía hay una relación de contigüidad, un paso sigue al otro, lo que significa armonía en todo movimiento, ejemplo: relación entre partículas, subpartículas y sub-subpartículas. Las circunstancias que tiende a 0 (cero) se concientizan aumentando la frecuencia, movimiento vibratorio u ondulatorio. Se trabaja mucho sobre premisas falsas. Quizás la forma esférica de algunas moléculas como el agua, facilitaría la conversión de la luz, generando la energía suficiente para los enlaces moleculares en la biosíntesis. La memoria e inteligencia artificial tendrán que incorporar toda la historia natural evolutiva contenida en el cerebro, y ADN humanos, para que tenga la materia prima de información que tenemos los humanos.

Podemos decir que en el tiempo cronometrable toda reacción es reversible de alguna manera, por la entropía. La libertad de movimiento y como tal el movimiento de una determinada densidad se ve limitada o favorecida por la densidad del medio en que se mueve y se acelera hacia la menor densidad, o sea, se acelera en densidades que tienden a 0 (cero). Una rueda que gira a 5cps gira más lento que una rueda que gira a 100cps. De donde a mayor velocidad mayor frecuencia y menor longitud de onda, así que, si la longitud de onda tiende a 0 (cero) la energía tiende a infinito y así es el tiempo dilatado. Pienso que las ondas cortas de alta energía se relacionan mejor con ondas largas de baja energía. Así podríamos decir que la alta frecuencia se enfría. Frecuencias por encima de la frecuencia de los rayos cósmicos producen ondas muy cortas, donde cóncavo y convexo se confunden, ello es el tiempo esencial que pervade todo en el universo. El aspecto electromagnético va desde ondas muy largas casi planas de baja energía, a ondas medias y ondas de máxima frecuencia, tiempo esencial.

La capacidad de girar depende del radio del cuerpo masivo, si el radio tiende a infinito el giro tiende a 0 (cero) (abstracto).

Me parece que las ondas cumplen sus efectos tangibles por convergencias. Los rayos que convergen acortan el tiempo, lo dilatan. Los rayos que divergen concentran el tiempo, de donde cualquier masa visible objetiva es tiempo concentrado, desde él la luz diverge, es decir, la edad se hace menor (la edad de ese cuerpo), mientras más lejos esté un objeto de nosotros, más joven es el objeto, envejece a medida que nos acercamos a él. El cerebro coordina esta relación de tiempo, nunca veríamos una célula si no divergimos los rayos que vienen de ella, y nunca veríamos el sol como tal sino por converger los rayos que vienen de él.

Podríamos decir que cada número entero está a un infinito de su número anterior y del siguiente, sea positivo o negativo el número. Cero es la unidad estructural de la nada y en lo referente también de su memoria. El cerebro hace un juego entre lo real y lo virtual, ello es el simbolismo del lenguaje.

Cualquier cosa que se mueva a menor velocidad de la luz es múltiple. La unidad de espacio tiempo está en una condición sub-sub cuántica. Va a mayor velocidad que la luz, es igual a c+ o energía oscura. No hay evocación sin su previa grabación, por ello, el futuro pareciera ser el pasado. El futuro como energía oscura solo contiene vacío, toda la evocación conciente está en el pasado, podríamos decir que nuestra inteligencia funciona en tiempo dilatado y nuestra memoria funciona en tiempo concentrado, por ello vemos, percibimos y actuamos entre las cosas.

Parece bastante acertado que cuando vemos las estrellas, esa luz evoca un pasado. La información que llega a un punto es convergente y la información que sale de ese punto es divergente, es decir, que la información que la naturaleza me da a mí es convergente y la información que yo le doy a la naturaleza es divergente, lo cual es una forma de expresarse del principio de acción y reacción.

En los fenómenos cerebrales se precisa la acción y reacción, y ello es memoria a tiempo comprimido.

El espectro electromagnético comienza en los albores de la historia con los gravitones que conforman el espacio tiempo entrópico, siendo los gravitones un portal aentrópico-entrópico. La memoria es un fenómeno de reproducción. La memoria es la máxima organización del tiempo, su expresión estructural es el cerebro humano, y de los animales, en menor grado.

Creo que el tiempo por unidad de onda es más corto mientras mayor es su energía, o sea, su frecuencia, de donde la realidad es un pulso secuencial de esas frecuencias. Para evocar y concentrarse se requiere olvidar transitoriamente cualquier otro presente. Se dice que no podemos atender a dos señores a la vez.

Cada función está asociada a una estructura de memoria grabada que la contiene. Toda función de memoria simple o compleja viene de una estructura que la contiene.

Creo que, en el universo, las matemáticas se reducen a suma, resta y división entre sí mismo. Otros aspectos de las matemáticas son creación del cerebro humano. La vida no podría fluir si sus matemáticas tuvieran fracciones e infinitos.

Nacer es convergente, morir es divergente. Debe haber una unidad de vida más pequeña y simple que las células (son vivos los genes).

Por encima de la velocidad de la luz el vacío de la nada es atractor centrípeto, allí está la fábrica de la naturaleza, es vacío, no es luz.

Capítulo III
Universo

El universo todo lo que existe debe estar montado en una condición de entropía 0 (cero), que podemos llamar una condición aentrópica, donde se generan los gravitones por que establecen los lazos de unión dinámica con la condición universal que conocemos: el universo entrópico. En el mismo todos estamos inmersos y formamos parte, del cual estamos constituidos y respondemos sensorial y científicamente, hasta ahora, en la ciencia. Es incontrovertible que una velocidad mayor que la velocidad de la luz (c), debe ser antigravitacional centrífuga y expansiva. A esta la llamaríamos velocidad c+.

Creo que el vacío absoluto de espacio tiempo no tiene pasado ni futuro, solo tiene presente, un presente que lo va marcando nuestra propia existencia, la existencia de toda la diversidad. Y esta existencia se expresa cayendo permanentemente en un futuro intangible. Nuestra percepción del futuro, la fenomenología que llamamos futuro, es realmente la evocación del pasado.

El universo es singular, uno, entendiendo que lo que cabe, cabe donde debe caber. La materia real cabe en el espacio tiempo exótico (de energía negativa).

El universo es un continente (de contener), que se auto-contiene, este continente soporta todas las formas energéticas contenidas en él.

La energía es una función y manifestación dada por el movimiento, y éste es incompatible fuera del tiempo. De hecho, el movimiento es el tiempo. La velocidad trasluminal obliga al espacio tiempo a autocontenerse, generando tiempo con contenido entrópico, imponiendo un movimiento giratorio a todas las formas de materia. Esto es la esencia de la coherencia universal que comienza en la unidad de espacio tiempo. Que el universo se expanda significa la preexistencia de espacio tiempo en movimiento. La compresión del espacio tiempo (autocontenerse), debe evitar la expansión (¿?). Podemos decir que el universo es finito hacia la convexidad y crece hacia la concavidad.

Como ya he dicho, creo que la palabra universo está en singular y, aun existiendo el multiverso, el universo es uno solo, si lo desglosamos perderíamos la idea de conjunto.

El universo en singular contiene todas las posibilidades. Realmente cada cosa es un universo, pero el universo singular es un gran continente. Cada uno de nosotros es un universo y aprehendemos el universo en singular, el singular de todo en un tiempo esencial.

El universo conocido, entrópico, es un enmarañado del espectro electromagnético, en tiempo cronometrable es un universo contenido entrópico. El universo esencial es un continente aentrópico cuyo movimiento es mayor a la velocidad de la luz y corresponde a la energía oscura, es el espacio que está en la esencia del movimiento particular (se refiere a partículas), y sub-sub particular. Es el verdadero campo de juego de la maquinaria natural, es el futuro del universo, no como un final sino como un continuar, es a lo que se refiere la palabra infinito o eternidad.

El universo debe ser estable en cuanto al contenido aentrópico y de información, pero inestable en cuanto a la condición entrópica. Las formas entrópicas que conocemos son inestables, tienden a desorganizarse siguiendo el dictamen de la segunda ley de termodinámica. Los cuerpos, formas del universo, comen energía oscura, o sea, futuro, hacia lo centrífugo en proporción a sus masas y, por ello, se ven relativistamente como curvaturas de tiempo y espacio. La energía del cosmos, en formas entrópicas, se mueven tragando gravitones provenientes de la energía oscura, la cual se autocontiene y se va haciendo entrópica, en tiempo cronometrable, quizás los cuerpos celestes van haciendo el gradiente de vacío, por donde pasan, debido a su gravedad.

Sabemos que si una partícula choca con una antipartícula genera solo energía expresada en radiaciones y ondas electromagnéticas. Ellas aun son más cronometrables que los gravitones y unidades de espacio tiempo, interface entre energía oscura y energía entrópica, simulando una especia de cordón umbilical entre un universo aentropico (c+) y un universo entrópico. De esta forma se intercambia energía oscura esencial por energía y tiempos cronometrables.

Capítulo IV
El vacío

Es bastante difícil incorporar algunas palabras o símbolos al lenguaje científico y también al lenguaje de ficción. La nada es una afirmación de una negación, no hay nada, ¡Perogrullo! Es atemporal. Cero es también un concepto más abstracto aún, tiene su uso en matemáticas y lenguaje habitual, a veces cuantifica. Sin embargo, también se habla del vacío de la nada, este vacío sí es temporal y aparece por el efecto expansivo de una fuerza transluminal centrifuga que es el espacio tiempo. Si de la nada aparece un espacio vacío por la influencia expansiva antigravitacional, entonces debe aparecer también una fuerza centrípeta, muy intensa, en el centro de esa burbuja de vacío.

Creo que esta burbuja, con su centro atractor, es lo que hace que el espacio tiempo se curve, se autocontenga y le dé al tiempo transluminal aentrópico una orientación entrópica, un frenazo, un tiempo más cronometrable, y así generar la unidad, la multiplicidad. Los gravitones como primeras formas autocontenidas, atraídos por el espacio vacío de la nada, evolutivamente, dan origen a muchas formas estables e inestables de partículas que conducen a la formación de protones y, ulteriormente, átomos de hidrógeno. De modo que el vacío absoluto está en la unidad de espacio tiempo, como energía oscura y también en el centro del protón, entre protones, entre partículas, entre moléculas y también entres galaxias.

Constantemente la conciencia cósmica aentrópica permite el movimiento de las partículas entrópicas, las cuales se mueven hacia un infinito, desde lo muy pequeño, por ejemplo: los gravitones, hasta lo muy grande, galaxias. Cada cuerpo cae en el futuro permanentemente y su existencia, podemos decir que es infinita. Si bien los autocontenidos conforman estructuras más grandes que atraen y son atraídas por gravitones, los vacíos acumulan su poder atractor en el centro de las formas autocontenidas, dando origen, por ejemplo: en el centro de la tierra a un portal de paso auto regulado (portal de tiempo esencial) con el universo aentropico de velocidad c+.

La fuerza de atracción máxima del vacío de la nada da a las partículas su coherencia. El máximo vacío está en la materia coherente. Sin embargo, podría decir que el cerebro no sabe trabajar con su autoconciencia actual, a mayor velocidad que la velocidad c, a la cual se aproxima. No sabemos trabajar a velocidades c y c+.

El vacío es una condición máxima para el movimiento. Se podría decir que a vacío absoluto, tiempo, espacio y movimiento son lo mismo. La energía contenida en el vacío absoluto y en tiempo cronometrable, es materia. El vacío de la nada sería un punto de máxima energía, la cual, constituye la energía oscura. El vacío máximo crea la curvatura para el movimiento universal, para que convexo se mueva en cóncavo y la energía autocontenida caiga en el futuro permanentemente, haciendo posible la infinitud, o la eternidad. Según los físicos puros el vacío por definición tiene 0 (cero) energía. ¿Es cierto esto? Quizás no. El vacío máximo es receptor para máxima energía, o sea, el vacío contiene energía negativa exótica y este es el sustento para que la energía oscura se autocontenga.

Me parece que la existencia de contenido particular, en condiciones extremas, podría desglosarse o desestructurarse y volver a ser nada, ello demuestra que el universo es finito. El vacío, como un todo, es una fuerza anti gravitacional c+, y autocontenida, es una fuerza gravitacional. Podría decir que lo negativo es negativo ateniéndonos a lo gravitacional, pero es positivo ateniéndonos a lo anti gravitacional. Es interesante el hecho de que no se describe un protón gigante, sino entidades tales como estrellas de neutrones. Tiene que haber energía oscura y espacio vacío entre cada uno de los autocontenidos del continente correspondiente. Podemos concluir que el vacío mantiene la coherencia de las partículas y la coherencia del universo. Si la distancia tiende a cero cualquier velocidad trabajaría como la velocidad de la luz (c), o velocidad anti gravitacional c+, mientras más corto es el tiempo más dilatado es, más vacío es el espacio, mientras más vacío hay más atracción y más fácil es el movimiento anti gravitacional c+.

Capítulo V
Continente y contenido

Estoy sosteniendo la tesis de que el universo constituye un equilibrio dinámico entre dos condiciones: una condición aentrópica de entropía cero, y una condición entrópica. Entre un universo dominado por una fuerza expansiva anti gravitacional de entropía 0 (cero) y velocidad transluminal superior a la velocidad de la luz, y una condición entrópica dominada por la velocidad cósmica llamada velocidad de la luz (c), el universo aentrópico entonces, contiene el universo entrópico, la energía del universo aentrópico es la energía oscura. La condición expansiva del espacio tiempo genera el vacío de la nada y en este vacío, el mismo espacio tiempo se auto-contiene para generar distintas partículas que, a su vez, van a constituir el mundo entrópico.

Aparte de contenidos muy inestables, la condición aentropica da origen a los gravitones, ellos son una primera forma de contenido que se enrumba al universo entrópico en tiempo cronometrable. Siendo una primera forma, con presente permanente que cae en el vacío de la nada, este es el futuro, es el infinito. De estas partículas sub-sub cuánticas se forman otras micropartículas hasta llegar al electrón, fotón y protón y, ulteriormente, átomos. Cualquier contenido está dentro de un continente. El espacio es el continente cuyo contenido esencial es el tiempo o el movimiento. Aparentemente el frío contiene al calor y no viceversa, ¿cómo se contiene el frío? Quizás en una forma de la energía oscura, un matiz cuántico, pareciera que el frío condición exótica que responde a un tiempo negativo. El frío contiene al calor, entonces el calor es una estructura de memoria. La oscuridad contiene a la luz, entonces la oscuridad es un continente, por ello la energía oscura. No se concibe una unidad de nada, cero ÷ cero, pero podría ser posible a velocidad c+.

Entre cero ÷ cero a $\infty \div \infty$ está la memoria del espacio tiempo, y la memoria de la conciencia, existir. El verdadero contenido de todas las cosas se desarrolla en tiempo dilatado infinito y eterno.

Lo más pequeño contiene lo más grande por su movimiento rápido, y lo más grande contiene lo más pequeño por su contenido de tiempo cronometrable. Lo más complejo es continente y lo menos complejo es contenido, y no viceversa. No es posible gran complejidad en lo más simple, lo más complejo contiene multiplicidad. Somos finitos hacia lo convexidad, e infinitos hacia la concavidad, permanentemente caemos en la concavidad (futuro). La fuerza centrípeta es finita, la fuerza centrífuga es infinita por tanto constituye el futuro o eternidad, pero cóncavo y convexo forman una unidad existencial, cóncavo y convexo en esencia forman la constante cosmológica.

Finito hacia el contenido, infinito hacia el continente. La acción es finita, la reacción es infinita, la reacción es la función de la acción, la acción contiene a la reacción. Toda convexidad se proyecta en la concavidad, lo que hace de la acción y reacción una unidad funcional. Podría decir que toda forma es real y es convexa, es contenido. Cualquier contenido no tiene conciencia de otros contenidos más que el de sí misma. Esto hace que las cosas sean diferentes, también nos enseña que no podemos meternos en la vida de otros, estos siempre mantendrán su individualidad. Si es cóncavo es continente, no tiene forma, es irreal. El contenido es real, es convexo y define su existencia entrando permanentemente en el futuro, o sea, la concavidad.

El joven en principio contiene al viejo y no viceversa. La vida contiene a la muerte y no viceversa. Cada uno es un continente en proporción a la edad. Es interesante este tema, lo que le da al joven un presente real, sexo, fuerza, reproducción, es el uso de los contenidos más antiguo del ser. Hay continentes muy estables con contenidos primos, y continentes inestables con contenidos no primos. Cada número es un continente con contenidos muy variables, a la vez cada número puede ser contenido de otro continente más grande. El pasado es un contenido finito convexo, el futuro es un continente cóncavo infinito. El presente es la interface entre los dos. Toda forma es un contenido de espacio tiempo, todas las formas pueden ser soportadas y contenidas por un continente que es el universo, podemos decir que el universo es un continente autocontenido y, como tal, es recipiente de toda la energía universal.

El continente es negro está para absorber calor, y contiene al blanco. El contenido es un módulo de memoria, podemos decir que es blanco, el negro contiene al blanco, el negro es infinito, el blanco es finito, significa que el blanco cae en el futuro. El negro es más extenso, es infinito. podemos decir que el blanco existe, el negro es más viejo que el blanco, el blanco es más joven, por ello la energía oscura se parece más al futuro en otras palabras, la energía oscura es más presente, más estable que otras formas de energía, las cuales son contenidos. El conjunto vacío es un continente, es cóncavo. Contendido y continente son una onda sinusoidal, el esqueleto de menos uno más uno. El esqueleto entre energía aentrópica y energía exótica. Ejemplo, cuando pago un bolívar (+), lo que hago es colocarlo donde falta un bolívar (-), espacio y energía exótica, no cancelo, se construye una onda sinusoidal. Concluyendo, contenerse es hacerse contenido, volverse esfera, es una manera de hacerse finito, así nacen las formas reales, así nace y se desarrolla el tiempo cronometrable.

Nos es difícil, nos cuesta mucho, pensar en lo muy pequeño y también en lo muy grande (incertidumbre). Tenemos que hacer abstracción entre tiempo dilatado y tiempo concentrado. Es asombroso, pero es coherente a las observaciones, el universo es granular, está formado por partículas sub-sub cuánticas y de estas se van cronologizando, adquiriendo forma, hasta llegar a lo que consideramos real, de microformas y macroformas.

Trataré de explicar esto último más adelante.

Capítulo VI
El tiempo

¿Qué cosa es el tiempo?, todos hablamos y sentimos el tiempo, pero analizarlo, escribir, opinar acerca del tiempo, de alguna forma es bastante difícil y, sin duda alguna, osado. Es algo que involucra a todo lo existente. A él no escapa nada, nada real es atemporal. Todas cosas existentes cronologizan un tiempo. Las cosas que llenan el universo tangible son expresión de que el tiempo es una condición finita.

Relativistamente, el aumento de velocidad dilata el tiempo, de modo que a la velocidad de la luz (c), los relojes se enlentecen y las personas rejuvenecen en relación con los relojes ubicados en la tierra. Se dice que a la velocidad (c), los tiempos en la tierra van más rápido y las personas envejecen más, lo que quiere decir que, a la velocidad de la luz el tiempo se dilata, y a la velocidad de la tierra, el tiempo se comprime, se concentra. Me parece que a tiempo dilatado máximo no hay geometría, esta aparece en las formas tangibles que son la expresión de tiempo espacio comprimido. Parece existir un tiempo traslumínico esencial, el cual corresponde a la velocidad de espacio y tiempo que va a mayor velocidad de la luz (c+) y se expresa como una función anti gravitacional expansiva.

Una vida media muy corta en espacio tiempo concentrado, representa una vida media muy larga en tiempo dilatado, y una vida muy corta en tiempo dilatado no tiene tiempo concentrado. Aparentemente los objetos masivos nunca alcanzarán la velocidad de la luz como tales. Si queremos ver un objeto muy pequeño, o muy lejano, tenemos que agrandarlo a nuestros ojos, ¿cómo? Divergiendo los rayos de luz que vienen del objeto a nuestro ojo.

Quizás el verdadero Big Bang fue la aparición de la unidad de espacio tiempo desde una condición atemporal. Podemos decir que el espacio fue la condición que permitió el movimiento y este fue el tiempo. Las formas tangibles son concentrados de espacio tiempo, también la conciencia y seguimiento de la historia natural en forma cronologizada. Ello involucra un tiempo cuya incorporación a la ciencia y cultura es obra del cerebro humano.

De tal manera que podríamos hablar de dos tiempos: un tiempo esencial transluminal c+ y un tiempo cronometrable que se aplica al mundo entrópico incluyendo el tiempo de la historia natural. Para nosotros pensar, expresar a la conciencia grandes extensiones de la historia natural tenemos que concentrar o comprimir el tiempo, haciendo encriptados, o estructuras de memoria, que el cerebro utiliza en la confección del pensamiento. Así, por ejemplo: hablamos de la edad de hielo, periodo carbonífero, paleozoico, etc., así se sintetiza en el movimiento de los relojes de la historia y periodos de, por ejemplo diez mil años, o diez millones de años, se transforman en unas estructuras de memoria, esas memorias en un gen o parte de un gen que actúa y reproduce en nosotros automáticamente cambios que ocurrieron en largos periodos de la historia. Entran en el ADN, y se automatiza. Ejemplo: la reproducción, alimentación. De lo contrario, nos diluiríamos en el mar de la historia sin coherencia.

Estos encriptados permitieron la complejidad progresiva de la conciencia en el aplastante espectro de la diversidad. Creo que solo hay un intercambio de tiempo espacio, entre tiempo dilatado y tiempo concentrado, ello es la memoria grabada en las cosas tangibles, es un artificio simbólico del cerebro humano. Si dos partículas, dos cuerpos chocan, van en contra del tiempo, son dos tiempos cronometrados que convergen, podemos concluir que dos tiempos cronometrados que chocan dilatan el tiempo y el espacio. Tiempo cronometrable en sentido contrario se dilatan.

Es evidente que el tiempo se acorta en cuanto la velocidad aumenta, y la energía aumenta en cuanto la velocidad aumenta, de allí que las grandes explosiones existen en función de tiempos muy cortos o dilatados. Se habla de congelado en el tiempo, parado en el tiempo, tiempo cero, colapso del tiempo, se refiere a que alguien o algo se mantiene, que no envejece. Es un término más poético que real, debe entenderse que algo existe en un tiempo dilatado. Cualquier forma que tiene tamaño o existencia real, sus dimensiones se miden entre sucesión de puntos, y entre estos puntos lo que hay es tiempo concentrado. Finalmente, mts/seg termina siendo tiempo/tiempo.

Estamos condenados a medir el tiempo, a movernos incesantemente, al final somos un concentrado de tiempo, me refiero a todas las cosas incluyendo cuerpos celestes y todo lo físicamente tangible. Toda dimensión es una sucesión de puntos entre los cuales hay movimientos que representan tiempo, es inconcebible el movimiento fuera del tiempo. Es asombroso porque podemos intuir que el universo comenzó en un tiempo cero, con dimensión cero, y así comienza todo, incluyendo nuestra existencia tangible. ¿En qué fracción de tiempo generamos la vida? ¿De no existir a existir?

El tiempo pasado representa una condición encriptada, las cosas y circunstancias fueron como fueron y así se quedaron. Es el presente, la evocación, el que decora y modifica el pasado. Pero cualquier versión del pasado sin retocar parece estar encriptada en el espacio oscuro.

En el tiempo cronometrable, inexorablemente entrópico, no se repetirá el pasado, aunque evidentemente el pasado influye en el presente. El pasado no se repite, sigue la flecha del tiempo. El presente permanente sería la eternidad, un yo colectivo, conciencia colectiva.

Todo lo que es cuantificable contiene entropía y pertenece al reino cronometrable, es decir, medible, perecedero, transformable, auto contenible y reproducible. Pero la vida de un protón o electrón discurre en tiempo dilatado, en este tiempo, no se envejece en relación con el tiempo concentrado terrenal. En el tiempo esencial no se acumulan años, la existencia múltiple de la unidad espacio tiempo es un fenómeno auto reflexivo (se reflejan en sí mismos), es la existencia en todas partes, es la esencia del presente.

Con el tiempo cronometrable entrópico el tiempo es permanente. Se acumulan años, las formas entrópicas se derrumban y la reproducción ocurre con diferentes matices.

Tiempo concentrado en cuerpos que duran muchos años alguna vez se degradarán por aumento de su entropía. Entonces, infinito significa movimiento eterno, tiempo eterno, si este es entrópico debe reproducirse, por lo tanto, debe haber una genealogía en los cuerpos espaciales entrando permanentemente en el futuro, es decir, existiendo. Creo que hay tanto tiempo dilatado, espacio tiempo, como contenido en memoria concentrada o grabada.

La flecha del tiempo ofrece a cada instante un matiz de su presencia infinita, en el sentido de que no se detiene. El cerebro si detiene el tiempo encriptándolo permite al cerebro incorporar todo a la finitud. El tiempo esencial es el que permite que la energía esté distribuida en todas partes, en partículas elementales y no formando parte de megaformas homogéneas, como sería un megaprotón o megaelectrón. La presencia de energía en la masa es de multiplicidad, pluralidad de micropartículas.

Hay un espectro de tiempo entre tiempo dilatado y tiempo concentrado, todos estos tiempos se ejecutan en los seres humanos y otros seres.

El tiempo esencial es un tiempo sub-sub fotónico. Todas las formas de memorias grabadas son todas las cosas tangibles, en ellas existe un espectro de tiempo, de esencial a concentrado. Las distintas formas de simples a complejas son maneras de autocontenerse la historia natural, de allí, la evolución. En cualquier parte del universo el tiempo esencial debe ser el mismo, trasluminal. En cualquier parte las estructuras son degradables, entrópicas, llevadas a sus últimas consecuencias se transformarían en espacio tiempo, lo cual es energía oscura c+. Cualquier estructura del universo corre un destino entrópico, pueden chocar, estallar y transformarse.

Pareciera que el tiempo esencial es eterno en cuanto a la evolución de la conciencia, pero es finito en cuanto al contesto cósmico de las formas que se mueven. Si la distancia tiende a cero la velocidad tienen a cero y viceversa, a mayores distancias mayores velocidades. El pasado se refiere a hechos entrópicos. Puede interpretarse en cuanto a su evocación, pero el hecho en sí ocurrido no se modificará, lo que fue o existió, existió y ya, es el pasado. Una fotografía, una escultura, una cinta de video se evocan, pero lo ocurrido está sujeto a la vida media del material que la contiene, aunque se repitan de nuevos las fotos, videos o grabaciones están sujetas a la vida media de los materiales en los cuales se grabó y reproducciones hechas por el hombre. Nuestro tiempo cronometrable representa mucho tiempo dilatado, y nuestro tiempo dilatado mínimo tiempo concentrado.

En el tiempo concentrado los kilómetros son muy largos y, en el tiempo dilatado, los kilómetros son muy cortos, no hay nada tangible en la naturaleza que no sea tiempo dependiente. Nuestra conciencia, nuestra existencia son tiempos dependientes. El espacio tiempo es la onda de máxima energía, máxima frecuencia y mínima longitud de onda. El espacio tiempo es el movimiento universal, es la energía universal de comienzo aentrópico y conclusión entrópica. Permitiendo así la conservación de tiempo cronometrable, infinito o futuro eterno. El espacio tiempo permite el vacío absoluto, permite la fuerza de unión fuerte del gravitón, electrón y protón, y permite la abstracción de la existencia, da peso a la materia y da forma a ésta y da origen a la cronometría. El tiempo esencial, es el máximo estado cuántico sin niveles de energía.

Se puede concluir que no hay nada en el universo tiempo independiente, es decir, estático. En el análisis de las cosas constantemente estamos comprimiendo y dilatando el tiempo, esta es la función abstracta del cerebro, permite la memoria, la evocación virtual que nos lleva a construir en la mente (inteligencia).

El cerebro es una máquina del tiempo, es tiempo lo que metaboliza el cerebro, visto desde este punto de vista informático es gigante y mágica la percepción del presente, pasado y futuro. Tenemos que ver pacientes con el cerebro distorsionado para darnos cuenta del sublime cableado en el cerebro normal. Todos los seres, todo lo que existe, es cronologizador del tiempo, percibimos la contracción y dilatación del tiempo, de ello sacamos el display del presente, nuestra conciencia. El espacio tiempo es la memoria entre el finito que tiende a infinito, también tiende a lo muy grande, a la multiplicidad. Si la velocidad aumenta, dilata el tiempo, si disminuye, comprime el tiempo, la unidad de espacio tiempo es la materia prima del cual está formado todo el universo, partículas, sub-subpartículas, electrones y protones. El tiempo esencial está en el corazón de la conservación de la materia y la energía. Y el tiempo cronometrable está en la expresión de existencia de las cosas finitas que hacen bulto y que van de mínima a máxima entropía.

El tiempo esencial conforma la unidad espacio tiempo, que es responsable del vacío de la nada por efecto anti gravitacional, es el ambiente donde se ubica y mueven todas las cosas existentes. Así se da origen a una unidad funcional cuyo centro atractivo centrípeto permite que el espacio tiempo se autocontenga, esta condición aentrópica a entrópica contiene a toda la energía universal. Pueden construirse curvas de tiempo dilatado a tiempo concentrado desde lo esencial hasta lo francamente material, entre lo inexistente y lo existente, el cerebro procesa toda esta circunstancia de tiempo. Tenemos que hablar de un tiempo que se comprime y se dilata, y tiempo cronometrable (aún más abstracto) que se aplica a la historia natural. El espacio tiempo primeramente se autocontiene, forma partículas que ya tiene contenido entrópico que puede envejecer y morir, y por tanto, reproducirse.

Las partículas inestables a nivel de tiempo dilatado son pasos intermedios en la formación de partículas estables. No tienen más vida entrópica que su brevedad de existencia. Las partículas muy pequeñas no tienen cambios mayores, los cambios aparentes ocurren en las formas más grandes, con memorias concentradas grabadas, siendo así que las más pequeñas resultan ser continente, y las grandes el contenido. En la esencia misma de todo esto está la memoria dinámica informacional. El universo aentrópico contiene al universo entrópico.

En la verdad existencial tiempo y espacio son la misma cosa, siendo el movimiento el tiempo y su movimiento giratorio, obteniéndose así, la mecánica giratoria u ondulatoria de la unidad espacio tiempo. El tiempo hacia el futuro es tangible, vivo, existente, y el tiempo hacia el pasado es intangible y virtual. ¿Son tangibles los objetos del pasado?, los objetos del pasado tienen alta entropía, y tienden a quedar solo en memoria de la historia natural. Los objetos del fututo crecen, son menos entrópicos, son más reales. El tiempo concentrado da la energía de masa, la cual se puede expresar a veces como fuego o explosión. En este caso, se pasa bruscamente de tiempo concentrado a tiempo dilatado. El espacio tiempo es presente, no tiene pasado, se hace presente permanente con el movimiento, girando o vibrando, estas vibraciones son los latidos del universo. Es digno recordar que la naturaleza del tiempo es muy explotada en ciencia ficción, novelas y viajes en el tiempo.

La naturaleza del tiempo y sus funciones son expresadas en todas las palabras, muy especialmente en las acciones de los verbos. Ejemplo: correr es la función, algo tiene que correr, esa es la memoria en tiempo concentrado o grabado. Todas estas palabras son estructuras de memorias mediante el cual el cerebro las incorpora a su arsenal simbólico. Se ha invocado acciones de una civilización avanzada en la ejecución de ciertos hechos como el desarrollo tangible, de los agujeros de gusanos, eso significa manejar con conciencia, memoria esencial trasluminal, a velocidad c+, por esta razón presumimos que algunas civilizaciones avanzadas manejan las acciones físicas a tenor hiperdilatado o de hipervelocidad.

Capítulo VII
Totipotencialidad

Asombroso, la totipotencialidad genera y diferencia todas las cosas, la vida entera, en una secuenciación de infinitas posibilidades. No comenzamos a construir nuestra casa empezando por el techo, sin embargo, el paso de aentrópico a entrópico pareciera comenzarse por el techo, el vacío de la nada. Pero no es así, todas las cosas comienzan desde lo muy pequeño, luego se desarrollan con sus cualidades funcionales. La mayor diferenciación y complejidad lo da la biología. Todo comienza por lo puntual, o sea, máxima totipotencialidad, y en una condición de tiempo esencial. Las moléculas de ADN y ARN son las estructuras de la totipotencialidad compleja de la biología y la vida. El cerebro con su memoria es la fábrica de la abstracción, contribuye y extiende los poderes del ADN y ARN sin el poder auto replicante. Pero, pienso, que existe un ADN y ARN, de todas las cosas, lo cual perdura, con todas las virtualidades, en la energía oscura. Es memorias de memorias.

De todo lo que conocemos debe haber una proforma de ADN y ARN, y debe de estar en tiempo dilatado, más allá de la velocidad de la luz. Cuando el cerebro se concentra en el detalle de una idea, se va *in abstracto* esencial, a una circunstancia totipotencial. Ejemplo: pienso en un motor funcionando, estoy creando en abstracto, y comienzo a trabajar en los detalles que hacen posible el motor. Van apareciendo las ideas de las partes que coordinarán finalmente el motor, hasta que lo construimos. Hay una totipotencialidad. No vamos al revés, que sería construir el motor y luego las partes. Es un proceso creativo que lleva a una finalidad. Así es una totipotencialidad de la naturaleza del trabajo cerebral que nos lleva a la realidad de un aparato. De esta manera también, el trabajo que lleva a la forma de vida. Todo coordinado en su posición y función, incorporando la autorreplicación. Al igual que lo hacemos con el motor o cualquier otro invento o proceso, guardamos los planos para una segunda o "n" réplicas, que a la vez irán mejorando adaptándolas a las circunstancias situacionales. De modo que los planos tienen implícito los factores totipotenciales.

Podría decir que la totipotencialidad es la primera y real ley natural de lo existente. Cada ser vivo, al igual que un motor, responde a una condición virtual compleja y de cómo se coordina los distintos elementos, también complejos, como órganos o memoria, para originar finalmente un ser vivo funcional. Además, lo observamos, es un proceso robusto. Pareciera que todo fue una decisión de automatización de la naturaleza en el ADN y ARN. Como actualmente también ocurre en la fabricación de motores. El cerebro se concentra en la unidad, converge en la unidad, pero diverge en la multiplicidad.

La memoria evoca hacia unidad, pero olvida hacia la multiplicidad. La conciencia de nosotros mismos es incompleta, olvidamos para concentrarnos. La condición máxima de totipotencialidad lo tiene la unidad de espacio tiempo, o sea, la energía oscura, la energía del espacio vacío, la cual es el espacio sub-sub cuántico esencial, ello es la conciencia universal. Entonces, ¿por dónde comienza todo?, por la totipotencialidad. Por ejemplo, una planta de algodón es todo un proceso autocontenido por la naturaleza en el ADN rígido, sin libre albedrío. Por siglos la abstracción cerebral nos llevó a la fábrica de hilos, luego tejidos y, paralelamente, la abstracción nos llevó a la maquinaria para fabricar el vestido. La célula lleva el ADN y esta, implícitamente, toda la maquinaria para producir el algodón, nunca comenzamos por la fábrica de tela, sino que se comienza por la regla de totipotencialidad en muchas facetas del procesamiento del algodón. La totipotencialidad máxima la tiene el espacio tiempo, ella lleva a la primera universidad para la abstracción, el mundo entrópico. Podemos decir que toda condición virtual es una condición totipotencial. Lo virtual de cada ser se forma de virtualidades separadas, esto es la totipotencialidad de todos los seres vivos.

La evolución de la totipotencialidad por lo particular significa exaltar o segregar características entre la nada particular y diferentes órganos o partes. Así debió aparecer la conciencia, el poder darse cuenta de la diferencia de dos cosas. La forma de la molécula de ADN es la fórmula de la naturaleza, la preexistencia de una fórmula virtual que lleva a concentrar el tiempo.

La molécula de ADN tiene el poder totipotencial de la auto replicación, de generar un ser y segregar totipotencialidades para dar estructuras coordinadas a cada uno de los órganos que conforman a ese ser. Es un equipo informático de creación natural que tiene totipotencialidad para segregar el cerebro, el cerebro humano. Las totipotencialidades o capacidades contenidas en el ADN son de ejecución inconsciente, automática siguiendo reglas rígidas, con la excepción del cerebro, el cual se desarrolla como un ADN de comportamiento voluntario, con una ventana de libre albedrío, gran libertad de procesamiento de información que dirige y regula la función del ser para las necesidades situacionales, individuales y colectivas. Puede inventar todos los aparatos, procedimientos y símbolos, coordinar las memorias para sus procedimientos, desde lo necesario para la ejecución de su presente diario hasta coordinar ordenadamente los hechos en relación con el tiempo, es decir, llevar el inventario de la historia natural. Es capaz de coordinar total o parcialmente el ministerio de la defensa de su propia interrelación de la existencia con sus semejantes, otros seres, y las inclemencias que ese presente consciente muestre, lo cual ocurre en forma muy randómica.

El tiempo de la historia natural comenzó desde muy antiguo, ello hace pensar que también la molécula de ADN y sus totipotencialidades deben haberse ido instalando progresivamente en orden de importancia y circunstancia, las cuales, en los últimos milenios han logrado las características que tiene en la actualidad con su secuenciación de genes polifuncionales. Sin embargo, hasta ahora, todos los procesos de la vida compleja son susceptibles de deterioro entrópico, por tanto, es lo más significativo. Lo que da eternidad a la vida es la reproducción. La función del ADN está esclavizada con la velocidad cósmica de la luz. Entiendo la máxima totipotencialidad como la circunstancia de que todo "producto" de interrelación debe ocurrir de elementos separados en una inexorable dualidad y la interrelación entre las cosas es memoria, reproducción y multiplicidad. En la reproducción del tiempo espacio la unidad se refleja en sí misma. Esto es el punto inicial de la reproducción, hasta aquí es aentrópico, desde aquí todas las funciones reproductivas de cambio contienen entropía.

Paradójico, una conciencia en el futuro anti gravitacional nos permite la conciencia en el presente. De estas interrelaciones debe haber aparecido el gravitón, considero, es la partícula sub- sub elemental del cual se inicia y finaliza todo producto sujeto a entropía. La molécula de ADN, totipotencial, es un cerebro de función abstracta, automática, bastante disciplinada, sin libre albedrío y con autoconciencia no consciente en términos de nuestro presente permanente. Trabaja, queramos o no, con los planos totipotenciales que, previamente, la naturaleza fue guardando.

Podemos decir que el cerebro es una gran molécula de ADN, contiene la memoria de todas las virtualidades existentes, en equilibrio con su propia existencia, ¿por qué finalmente sabemos todo? Todo lo que es el hombre y su civilización sale del cerebro humano. El tiempo cronometrable, la flecha del tiempo dirá si con sus propias creaciones e inventos perderá el equilibrio y estabilidad de su existencia, o genialmente siga avanzando en la conquista del cosmos. El cerebro traduce en conciencia todas las virtualidades que el ADN traduce en inconciencia. La totipotencialidad máxima la tiene la unidad de espacio tiempo. Cuando el cerebro se concentra en el detalle de una idea se va al tiempo dilatado esencial, a una circunstancia totipotencial.

Capítulo VIII
Big Bang

Creo que es bastante difícil entender cómo todo nuestro universo se originó de la nada. Bastante cuesta arriba sería aumentar nuestra cuenta bancaria con ese argumento: todo salió de la nada. Más fantástico e increíble, es decir, que todo fue un acto de magia en el cual una pelotita muy chiquitita, menos del diámetro de un protón, estalló y de allí se originó el universo, se expandió y expandió, apareciendo progresivamente todo lo que hoy existe. No se dice cómo se formó la pelotita híper energética. Claro, para ello, se describe otro hecho fantástico, la pelotita contenía toda la energía del universo, tenía temperatura de trillones de grados, estalló y se dispersó en un ambiente sin espacio y sin tiempo, se dice que en ese instante apareció el espacio y el tiempo, se expandió tan rápido que superó las velocidad de la luz, de modo que hubo una especie de segundo mágico donde cada zeta fracción de segundo representó una evolución de la energía ,tan asombrosa que en las condiciones, de acuerdo a nuestro lenguajes simbólicos actuales, llevaría muchos años o siglos.

Ulteriormente, sí hay congruencia, en parte, de cómo ha evolucionado el universo. Si bien se dice que lo increíble puede ser creíble debido a que nuestro cerebro, que es el instrumento coordinador de todas las ciencias, es imperfecto. Porque la naturaleza lo fabricó solo para interrelacionarse con hechos entrópicos, no transluminales. Entonces, ¿de dónde salió la partícula o huevo primordial que generó el Big Bang? Es absurdo porque supone la preexistencia de una situación cosmológica no explicada. Claro, este es un término absolutamente abstracto cerebral, y no hay duda de que supone tiempos breves y diámetros muy pequeños. Se parte desde un tiempo breve 1x10 al menos 43 segundos (tiempo de Planck). Pienso que el cerebro necesita un punto de partida para poder reconstruir, en base a la historia natural, el universo actual, la inmensa construcción simbólica como el lenguaje y las matemáticas.

Creo que, para comenzar, se tiene que partir de la nada: asimbólico, atemporal, aespacial y aexistencial. La magia aparece, creo que es el verdadero Big Bang, con la aparición del movimiento, es decir, el tiempo. Evidentemente, ¿cómo moverse aespacialmente? La verdadera explosión es la aparición de la unidad de espacio tiempo, esto tuvo que ser algo breve, no lo calculemos con el reloj, no lo podemos concebir como prolongado, sino muy breve, mucho más breve que la velocidad de la luz. Para poder abrir espacio vacío en la nada y en una condición casi nada, trasluminal, expansivo aentrópico. Esto quiere decir, una unidad de energía en tiempo esencial y, por tanto, esta unidad de espacio tiempo puede estar en todas partes. No hay matemática para ello, creo que no hay que buscar espacio detrás del espacio tiempo. Así se construye el espacio que está entre las cosas, donde funcionan los galpones de la industria de la naturaleza, ese espacio donde se mueven las sub-subpartículas, subpartículas, átomos, moléculas, cuerpos y los cuerpos espaciales.

Es paradójico, pero el futuro existió primero que el presente. El movimiento expansivo abrió la nada en un vacío absoluto, y aquí, en ese vacío, apareció la fuerza centrípeta básica que hizo que el espacio tiempo trasluminal se auto-contuviese para generar el nexo entre tiempo dilatado y tiempo comprimido, así apareció, entre otras partículas, el gravitón, y este, creo, constituye la esencia de la existencia de todas las cosas. La aparición del gravitón establece la autorregulación entre un universo aentrópico, espacio tiempo centrifugo y un universo entrópico, en tiempo que tiende a concentrarse en partículas y, finalmente, todos los cuerpos existentes, siendo el vacío de la nada el escenario de la existencia infinita, haciendo del universo un movimiento de caída permanente, del autocontenido en el vacío de la nada, infinito y eterno.

Eones de tiempo inmóviles no cuentan. El tiempo es movimiento, requiere de espacio, este en movimiento es el espacio tiempo, y esta circunstancia espacio tiempo, si pudiera considerarse un Big Bang. En este espacio tiempo trasluminal, en tiempo esencial, aparecieron probablemente grandes núcleos de auto contenidos que fueron las semillas que originaron galaxias y sus cuerpos estelares. Núcleos de desarrollo cósmico a distancias muy grandes para ser alcanzadas en velocidad y tiempo concentrado o intermedio tal como la velocidad de la luz. El espacio entrópico está formado por el vacío de la nada, autocontenido permanentemente, sus autoconciencias están esclavizadas por la velocidad límite de la luz. La energía del futuro, que da atracción y presencia a todas las partículas y cosas, es la energía oscura, y ésta, se soporta en un espacio exótico (¿?).

La entropía está soportada por múltiples formas inestables. Esto no significa que el universo desaparezca de alguna manera. Podemos decir, que el universo es infinito y eterno. La entropía, las formas entrópicas que experimentan condiciones de autodestrucción y desorganización, parecen demostrar una afirmación de la existencia entrópica, un ardid que hace del universo, una máquina de movimiento permanente. Ya lo he dicho, en la evolución de la historia natural el futuro existió primero, el espacio tiempo ejerce su conciencia en el futuro, en un presente permanente esencial, de modo que, en un supuesto estado de aniquilación entrópica, todo se convertiría en espacio tiempo.

Entonces el presente permanente es un recuerdo, el pasado está en el futuro, nuestra conciencia es una abstracción. Los infinitos se mueven hacia el futuro. No se concibe velocidad mayor a c+, por ello, todo lo entrópico dominado por la velocidad de la luz se mueve hacia el futuro permanentemente, obedeciendo al principio de equivalencia y de acción y reacción. El infinito de todo representa nuestro constante entrar en el futuro. Esto tiene valor de velocidad c+. A velocidad c es nuestra autoconciencia, la que hace el presente tangible, electromagnético, con entropía entre c+ y c. Hay un mundo sub-sub cuántico con la presencia de partículas inestables, y estables, muy breves en su existencia, inexistentes a nuestra conciencia consciente actual, y medido con los instrumentos de nuestro cerebro.

El verdadero vacío de la nada producido por la acción aentrópica es un agujero negro, el cual está en la esencia de la arquitectura natural. Los elementos constitutivos de un protón, un átomo o una molécula son equivalentes a galaxias, y representan energía oscura, o sea, autocontenidos cayendo en el futuro. Es el espacio inter particular. La energía oscura condiciona el espacio en que se mueve la existencia. En el espacio oscuro podemos decir que somos autocontenidos de futuro. Hacemos un viaje hacia el futuro, milagroso, en tiempo y a velocidad c+. El átomo primordial del Big Bang, huevo primigenio, fue la nada y el estallido fue el nacimiento del espacio tiempo en condición transluminal, no comenzó con la expansión de universo, sino con la compresión de este, porque de la nada infinita se pasó a la existencia finita. Entonces el espacio tiempo, en tiempo esencial trasluminal es anti gravitacional, constituye un Big Bang el cual sale o se forma de dos entes inexistentes atemporales, movimiento y espacio, es conciencia que permite el movimiento, el espacio vacío en que se mueve el cosmos está constituido por energía oscura, y esta, persigue la energía exótica.

El espacio entrópico es heterogéneo, es continente de partículas. La fuerza centrípeta esencial se crea en el centro del espacio vacío de la nada, es el atractor gravitacional, siendo el atractor anti gravitacional el espacio tiempo a velocidad supraluminal. Ejemplo: un protón expresa su existencia cayendo permanentemente en el vacío de la nada (futuro). La evolución entonces fue de lo simple a lo complejo y de esta organización surgieron formas con autocontenido de memorias conscientes. Ejemplo: el hombre, el cual es un aparato biológico nacido de la evolución, permanentemente analiza su entorno y toma decisiones, corrige recuerdos y enriquece cada día su aprendizaje y pericia relacional. Muchos otros seres vivos lo hacen en grado correspondiente. Evidentemente, la relación y protección de especie es una memoria evolutiva "amorosa" que nos dice que ha habido muchos pasos recorridos en el camino de su existencia donde fue y es esencial ser amigos entre sí. Así se ejecuta con éxito la reproducción. Pienso que la unidad de espacio tiempo tiene movimiento giratorio y cumple el principio de acción y reacción, siendo esta una circunstancia para nosotros, seres entrópicos, poder pensar en el espacio girando alrededor del tiempo y viceversa.

Capítulo IX
Reproducción

Creo reconocer que en la naturaleza y el cosmos todo comienza por lo más sencillo y evoluciona hacia lo más complejo. De acuerdo con esta premisa, entonces la reproducción comenzó con la multiplicación autoreflejada traslúminica y expansiva de la unidad espacio tiempo. Y a partir de aquí múltiples subpartículas y partículas se multiplicaron, es decir, lo que suma se reproduce, lo que cambia de posición se reproduce. Así, repetición es reproducción y la reproducción es memoria, es información. Y de alguna manera, en el paso de uno a dos y de dos a cuatro, y así sucesivamente hay reproducción, podría ser entre uno y otro que se incuba la memoria de dos, esto hace la diferencia de dos, para continuar en la gran multiplicidad requerida para la reproducción entrópica. Quiere decir que en este universo entrópico todo nace, hace su historia y muere. Al morir, las partes van al mar de la multiplicidad y en cierto grado, a la multiplicidad compleja.

En este orden de cosas, la reproducción también es compleja, por tanto el aparato reproductor es complejo, aún si dentro de esa multiplicidad, de forma entrópica, reproductiva se consideran los factores ecológicos que hacen el ambiente propicio para la reproducción. No hay duda de que el cosmos pasó millones de años en una fenomenología reproductiva entre partículas, átomos y moléculas, de cuya larga evolución surgieron las condiciones para el desarrollo de la complejidad de la vida. No importa en qué lugar del cosmos se dieron las primaras formas de vida, puesto que lo interesante es correlacionar los datos de la historia natural y cosmológica con la aparición de formas reproductivas que atañen a la vida.

Es evidente que la génesis de la vida y su finito final entrópico, la muerte, ocurrió en condiciones de conciencia de alguna manera, correlacionados con tiempos dilatados y no traducibles por nuestra autoconciencia y conciencia humanas. Este caos no está en la naturaleza de las cosas, está en nuestro cerebro, el cual es lento y presenta bastante inercia en el procesamiento de información. El cerebro humano tendría que llegar a una condición evolutiva, en la que concientice velocidades trasluminales. Evidentemente la inteligencia artificial ofrece un campo de acción multiplicador en el presente y futuro cercano, ya que no tiene la inercia cerebral en el procesamiento de información. No obstante, hasta aquí, la inteligencia artificial también es esclava de la velocidad de la luz, que en términos cosmológicos sigue siendo una limitante para el cerebro humano y sus invenciones informáticas.

Creo que la materia viva y el cosmos trabajan con unidades encriptadas, y no con fracciones o infinitos. Cuando se cuenta se reproducen los objetos y se cambian de un lugar a otro, hay un movimiento. El "yo" de cada objeto cambia de lugar, algo entra donde puede entrar y deja el lugar donde estaba para que entre lo que pueda allí caber. Más 1 y menos 1, no se cancelan, sino que hay un movimiento, ocupando, y a la vez dejando un espacio exótico dispuesto a ser ocupado, esto genera una onda sinusoidal que se repite en tiempo esencial y crea la existencia. Esta circunstancia inicial de reproducción es el primer gen de la existencia y la conciencia; el yo original con totipotencialidad.

La reproducción biológica es la esencia de la función de memoria grabar-evocar. Saciedad y reproducción son expresadas como hambre y sexo activo. Esto ocurre y se realiza en memoria presente. Es llevado a cabo muy bien, a la edad juvenil, cuando se tiene fortaleza. Estas virtudes, en el viejo, están decaídas por acción aumentada de la entropía, están disminuidas, en una condición de memoria gris deformada, es la penumbra de su historia existencial. La generación de un ser con conciencia que desarrolle atributos juveniles y conserve atributos que datan de muy antiguo, los cuales deben permanecer en memoria presente, hasta los atributos más recientes, en memoria grabada más compleja, conllevan a la totipotencialidad o complejidad.

De lo abstracto a lo real, con formas y contenidos entrópicos. A los viejos no los quieren las muchachas, entendiendo querer, en el sentido sensorial, en memorias antiguas primarias, como es, poder sexual y reproductivo, amor cutáneo, se desconfigura la emoción. Ya lo que es lícito para el joven es ridículo y enfermizo para el viejo, no puede, no le va bien. La relación en desface entre un viejo y un joven si nos atenemos a lo puramente biológico, ya pasó, la entropía la arruinó.

En cambio, todos esos atributos lo tienen los jóvenes, evocan memorias antiguas en tiempo presente real con éxito total: sexo, reproducción, gran admiración y sensibilidad cutánea y de acercamiento, con sinceridad en la emoción. El viejo no puede ejercer el presente real. Así, la vida se transmite desde una memoria totipotencial, se desarrolla objetivamente, progresivamente, de acuerdo con un plan genético. ¿Es la programación del ADN y ARN un encriptado de memorias de varias civilizaciones que la naturaleza, para automatizar el progreso que ya se hacía caótico, se las ingenió para su coordinación?

Parece que quedó en adelante un cerebro consciente coordinando la progresión de hechos complejos que la misma evolución fue imponiendo. Actualmente ya se ve también caótico, y la función cerebral requerirá de un acelerado proceso de actualización y automatización. Requerirá un refuerzo de la actividad genética automática y una liberación de espacio para la actividad consciente. Nos podemos acercar, de esta forma, a coordinar el universo en toda su extensión, es decir, acercarnos más al concepto de Dios y desenredar el concepto de caos.

El ADN y ARN son estructuras de memoria evolutiva del cosmos, en ellas están expresadas variadísimas formas de vida, de seres vivos que hasta ahora existieron en el planeta tierra, pero casi con seguridad expresan también recuerdos de vidas en otras regiones lejanas del cosmos. Estas moléculas son una maquinaria de memoria, de memorias encriptadas que se evocan, en el producto de su función, ellas mismas en total se desarrollan en el ser vivo que las contienen. ¿Qué pasaría si las memorias de estas moléculas no pudieran generar la memoria del ser vivo que intentan reproducir? En este caso, como hubo de ocurrir en la época de las extinciones, debe preexistir la memoria de la memoria del ADN y ARN. De donde, la función preexiste al objeto o ser que la produce, así, llegadas de nuevos las condiciones cosmológicas favorables la función reaparecerá. ¿En cuánto tiempo? Puede ser millones de años. Esto suena paradójico porque en el tiempo espacio esencial no se envejece, es una condición aentrópica. Esa es la condición, que vista desde nuestra existencia entrópica podemos considerar detenidas en el tiempo, este, es un concepto no manipulable por nuestro cerebro, hasta tanto el cerebro no libere la conciencia de las velocidades entrópicas y cambie a velocidades transluminales aentrópicas.

Olvido es pasado, vida es presente, olvido es inconciencia de estructuras de memoria de la vida. El olvido es memoria grabada, estructura de memoria del pasado, si el presente es evocación podríamos imaginar, que la muerte representa la inexistencia.

En la fábrica que induce la formación de moléculas complejas pueden olvidarse pasos, y estos llevar a moléculas distorsionadas como producto, no evocan la memoria exacta esperada, así nacen formas de vida que reconocemos enfermizas, con mal control de calidad, son las enfermedades genéticas. Siendo así, la industria de seres vivos, y al final toda la diversidad, es una gran fábrica con los problemas evidentes que acarrea la entropía. Igualmente, si el cerebro olvida le faltarían elementos simbólicos. Por ejemplo, olvida una palabra, esto puede hacer surgir un déficit de cognición, las respuestas no serán coherentes, y significará problemas en el ambiente comunicacional familiar y social. Finalmente, una discapacidad.

La complejidad es una estructura intrincada cuya resultante, la vida, también es intrincada funcionalmente. En la complejidad y multiplicidad hay una situación caótica de conciencia, si bien percibimos la coreografía de una multitud que nos da la visión de conciencia de todo, incluso, de la misma conciencia, al analizar en detalle nos tenemos que concentrar en un punto cada vez más pequeño, estructural y funcionalmente, esto hace que perdamos la idea de conjunto. Vivimos en un punto intermedio divergente que es nuestra realidad, pero la verdad es convergente, un punto que se nos escapa supra velozmente, por esta causa no podemos aprehender la idea de conjunto. De modo que nacer es un fenómeno convergente que, de alguna manera, toma hechos convergentes en circunstancias convergentes de la naturaleza y construye un aparato que es divergente, el cuerpo, el cual crece y desarrolla funciones. Este cuerpo inexorablemente se desarma en el tiempo con la muerte, sus partes vuelven a la gran mezcla cósmica, como si fuera el resultado de una gigantesca batidora, y de allí las condiciones estarán dadas para volver a nacer, otro ser vivo con elementos convergentes originales, pero no idénticos a las del ser que le dio origen y, finalmente divergió al morir. Nacer es convergente, morir es divergente.

Son espacios cósmicos donde nacer es utilizar lo que disociamos al morir, esta disociación ocurre en ciclos que se repiten eternamente.

En caso del hombre, y en nuestra conciencia generacional, ocurren múltiples pasos complejos, consientes por su existencia humana. Podemos concluir que nacer comienza siendo convergente y morir divergente.

Nacer tiene un emisor y un receptor que están, quizás, en relación con la dinámica del espacio tiempo esencial.

Capítulo X
Los símbolos

Todos los seres de la diversidad obedecen a símbolos, estos son creados por las leyes de la naturaleza, ejemplo: todos obedecemos a caer, rodar, chocar, calentarse, enfriarse y muchas situaciones derivadas, de allí su relación con los objetos de la diversidad. Ulteriormente, seres más complejos, algunas moléculas, virus, bacterias, amebas, responden a simbología de tipo acercamiento o alejamiento, a la oscuridad, a la luz y sus variantes. Llegamos al hombre el cual, a través de mucho tiempo, responde a todo lo anterior. Pero, además, transcurridos los siglos, fueron creándose estructuras de memoria que sirvieron para adaptarnos, interrelacionarnos y, ulteriormente, desarrollar nuestra poderosa ciencia y tecnología de somos usufructuarios.

La invención del abecedario, sistemas numéricos, lenguajes, palabras, matemáticas y luego formatos matemáticos y contextos complejos de tecnología, recogen segmentos variados de polisimbología. Un término global, variable, que nos ubica en nuestras existencias y relacionalmente, es la palabra conciencia. Pero cada símbolo, cada número o palabra, recoge segmentos dinámicos de nuestro accionar en el mundo. Estos diagramas de flujo los obtiene el cerebro en condición de tiempo dilatado. El cerebro manipula estas estructuras de memoria, las palabras, a cada instante según las circunstancias, mediante ella nos relacionamos y socializamos. Cada uno de los símbolos es una estructura de memoria de cuya asociación, y uso adecuado, el cerebro mantiene el equilibrio y se relaciona ecológicamente con el entorno de la naturaleza. Seres inferiores gregariamente organizados como las hormigas, las abejas, las termitas obedecen a símbolos básicos, arcaicos de la naturaleza, pero mediante probables señales químicas ellos saben construir sus ambientes habitacionales y coordinan muy bien sus conductas. Todas las acciones de los verbos y sus significados permiten al cerebro traducir y comunicar la historia natural, y actuar en el presente permanente del hombre. Los verbos son palabras que representan acciones, de alguna manera, movimientos.

Las estructuras de memoria siempre existirán, aparentemente sus acciones son eternas, se mueven en el infinito, futuro, con formas entrópicas pequeñas o grandes. Los lenguajes constituyen las estructuras de memoria, con las cuales el cerebro analiza la diversidad, son diagramas de flujo cuyos resultados finalmente nos llevan a adaptaciones variadas tales como el contexto complejo de construir una frase. Los símbolos, mantienen en su esencia, el tiempo, es decir, son una estructura, se proyecta en nuestro presente, hacen posible el flujo de información de nuestras vidas.

Los seres más primitivos responden a simbología arcaicas rígidas. Son respuestas primitivas ajustadas, en forma refleja, a las leyes naturales preexistentes. Quizás en esencia natural solo existe suma y resta, desplazamientos en distintas direcciones y viceversa. Los símbolos tienen contextos de números enteros, no son fracciones ni infinitos a exigencia natural y su uso presente. La información es memoria, como tal, tienen una estructura. Pareciera que la molécula de ADN fuera la estructura de memoria con el contenido de todo un segmento de la historia natural que se manejó con libre albedrío y, en algún momento, decidió automatizarse en forma estricta, así funciona hoy. Así se desarrolla, el cerebro actual, con libre albedrío, quedó para el manejo del ser, en sus aspectos situacionales que requieren un control ajustado a nuevas realidades.

Las palabras tienen que combinarse para formar estructuras de pensamientos, así el cerebro puede comunicar sus experiencias en lenguaje presente o lenguaje escrito. Realmente las palabras tienen un significado central y muchos significados colaterales. Ejemplo: el universo es grande, es pequeño, es pesado, es único o múltiple, la palabra se ajusta al fondo cultural científico o poético de quien lo analiza. La palabra es compleja o es fácil de definir. Una estructura y una función, o es simple con menos variables en su comprensión. El lenguaje hablado traduce el presente, evocación de nuestra simbología abstracta, es similar a una molécula formada por múltiples letras. Así, el cerebro sintetiza lo abstracto en moléculas que se comportan como fotos con contenido de tiempo.

En nuestro leguaje diario constantemente concentramos y dilatamos el tiempo. Gracias a los símbolos, como las palabras, el cerebro ha logrado acumular gran cantidad de datos en lenguaje codificado de la historia. Es la información que ha permitido y permite la comunicación expresando su comportamiento diario. Los seres inferiores tienen comunicaciones en base a lenguajes codificados muy antiguos. Los lenguajes están estratificados, desde lo más simple, hablar de nada y hablar luego de algo, espacio, existencia, luz, arriba, abajo, o a los lados, día, noche, oscuridad, claridad, moverse, soportar, alimentarse, reproducirse, evacuar y ulteriormente simbolizar situaciones como: amar, comprar, vender, querer, bien y mal, belleza, abandonar, carecer, entorno.

Los animales y otros seres de la biodiversidad no hablan utilizando fonemas, pero hablan con sus comportamientos, responden a lenguajes codificados y desarrollados a través de la evolución, por ejemplo: pueden en cierta forma prever.

El cerebro responde a muchas de nuestras interrogaciones, gracias a la acumulación de estos lenguajes codificados que le han permitido escudriñar la naturaleza y lo abstracto. Por ejemplo: cuando digo creo lo inimaginable, esto me acerca a una función de lo inexistente, pero se ha logrado obtener la conciencia de ello por interpretar de alguna manera el código que se refiere a lo inexistente. El cerebro humano es la estructura de la función abstracta, son expresión de ello términos como comienzo, infinito, nada, vacío, plano de clivaje. Podemos imaginar que, en un chorro de fotones o gravitones, cada uno está separado del siguiente y del previo y es real, pero ¿qué los separa? Todas estas situaciones permiten al cerebro humano construir una plataforma abstracta para ubicar la conciencia, y esta funciona como una melodía, nos hace humanos. ¿Quién sostiene a la conciencia, el cerebro, o todo el ser humano? Ella misma, es única y múltiple, la tengo yo y la tienes tú y nos podemos comunicar, ¿pero de verdad nos podemos comunicar? ¿Por qué los conflictos de incomprensión entre las parejas de seres humanos?

En esta comunicación mentimos permanentemente, mentir no es otra cosa que dislocar en el continuar de las cosas. Los términos distancia, línea, plano, formas geométricas son abstracciones que objetivamos en memoria grabada, y se incorporan en tiempo cronometrado a las formas de las cosas, pero realmente no son reales, no es objetivo, un plano de dos dimensiones, una línea o un ángulo. Y hay abstracciones en tiempo cronometrado que se ejecutan maravillosamente. Ejemplo: presente y futuro son la esencia. Un comienzo, un fin, una unidad conllevan a multiplicidad, organización y desorganización. El cerebro está amarrado, encarcelado a este universo entrópico. Tendremos que movernos conscientemente hacia la anti-gravedad para poder crear tecnología que nos permitan avanzar en el cosmos a supra velocidades. El manejo de los números es una maravilla del pensamiento abstracto, una plataforma en el alma de todo lo que existe, sobre todo, en lo creado por nuestro cerebro. Sin embargo, todavía estamos perdidos. ¿Cómo pasamos de uno a dos si ellos están separados por montañas de infinitos?

Capítulo XI
Los sentidos

Los seres vivos respondemos a flujos de información provenientes del exterior, centrípeto, y emitimos información al exterior, centrífugo, así el hombre tiene cinco sentidos y varias situaciones de respuestas combinadas. Muchos seres microscópicos o no, parecieran responder más rápido y en forma diferente a como responde el hombre. Gracias a los sentidos hemos podido morfologizar la naturaleza y algo así como con antenas, podemos controlar nuestra existencia en el cosmos, sobrevivimos así localmente por muchos siglos y milenios. Nuestra conciencia se nos hace difusa en la percepción de los extremos del cosmos, lo muy pequeño o lo muy grande, y así establecer la singularidad de las cosas, hemos establecido una dimensión sin límites que la hemos denominado infinito. Creo que a pesar de los avances, en los cuales llegamos a dudar del sentido común y de nuestras percepciones antiquísimas, no debemos desconfiar de nuestros sentidos.

Los sentidos nos permiten percibir la naturaleza por diferentes vías por que, finalmente se correlacionan con el tacto. Esta es la percepción de la cercanía o de un presente verdadero, contacto con nuestra piel, conciencia de relación en sus múltiples matices. Este tacto depende de la velocidad electromagnética que nos impacte con sus distintas variedades e intensidades, de allí un tacto suave a un impacto máximo. El olfato y el gusto son formas de tacto, tacto especializado con sus características de tacto suave o impacto intenso. El oído es tacto de ondas mecánicas en nuestro tejido especializado, el tímpano y estructuras del oído reúne condiciones de suavidad o impacto. En sus distintas formas las frecuencias auditivas nos impactan dando la sensación de vibraciones, también con sus matices de vibración suave a impacto intenso.

En la visión nos impactan ondas o partículas de luz en la retina y nos relacionan con objetos distantes. Pareciera que la entrada de la sensación, de cualquier forma que lo exprese el sentido o percepción, entra en forma de tiempo dilatado o energía veloz, quiere decir que percibimos secuencias de mínima energía velozmente, una vez que entra al sistema el cuerpo humano, en este caso. El procesamiento de la información, una vez que entra al cerebro o sus vías, se hace 09 de un segundo más lento que en el exterior, de este procesamiento obtenemos la calidad perceptiva, y el cerebro la interpreta como agradable o desagradable, como tolerable o peligrosa. Así, mediante reflejos complejos coordinamos los movimientos que llevan a mantener la vida en paz con la naturaleza, o nos excita con el mensaje de peligro que lleva implícito la posibilidad de morir o desintegrarnos… en muchas ocasiones se ven comprometidas nuestras reacciones y fracasamos. Esta fenomenología se acumula en memoria y se compara cada vez, de su relación resulta placer o ansiedad, permanecer en paz o correr, podemos entrar en pánico, ello es un estado de respuesta caótica.

Recordemos que el rendimiento cerebral, en el procesamiento de información, tiene una velocidad de 05 a 120 mts/seg. Aunque es evidente que el cerebro tiene la posibilidad de hacer zoom en muchas de sus decisiones (cerebro inconsciente). En grado máximo, todos los intercambios bioquímicos entre células, partículas, mini partículas, es un intercambio táctil.

¿Tiene diámetro un fotón?, quizás sí. Y debe estar en el orden de 1x10 a la menos 38 a 1x10 a la menos 40. Quizás la percepción maravillosa insólita que tienen algunos seres vivos, insectos, aves, perros y plantas, se debe a que perciben a escalas de tiempo más rápidas, cercanas a la velocidad de la luz, o que procesan información a velocidades mayores a 120mts/seg, en este sentido, estos seres andan en el futuro, en relación con el hombre.

Capítulo XII
El espacio

Meternos en abstracciones en las que se involucren las estructuras de memoria tales como existencia o inexistencia, que engloban tiempos más allá de la velocidad de luz, pareciera que nos hace malabaristas del pensamiento abstracto. Pues bien, en esta situación estamos cuando queremos definir espacio. Vamos a intentarlo: consideremos que el espacio es la condición que permite el movimiento y este es el tiempo, esta figura abstracta en movimiento se llama espacio tiempo. Afrontaremos una situación tan abstracta que estamos arrancando, dando movimiento y existencia a algo aparentemente inexistente, cuya existencia individual aparentemente es inimaginable, ya que fuera del movimiento lo que existe es la inexistencia. Bien, si esta pareja espacio tiempo entra en existencia en una condición de tiempo esencial, debe tener un movimiento circular, el cual, al no tener punto de apoyo, se convierte en un movimiento ondulatorio y, por su condición esencial, estará en todas partes. Esta sería la relación entre -1 y +1, lo cual no se cancela, como usualmente hacemos, sino que crea un movimiento ondulatorio esencial, el movimiento +1 ocupa un espacio exótico -1 y viceversa.

Anteriormente me referí a un movimiento circular induciendo una condición ondulatoria, esto también significa el nacimiento, desde una situación inexistente, del principio de acción y reacción. Entonces el movimiento es una fuerza esencial que le da energía a la unión inseparable de espacio tiempo. Su tiempo es transluminal, su condición energética es máxima. Transluminal es también un término mágico, una velocidad que se alcanza por autorreflexión, o sea, que se refleja en sí misma y, por tanto, está en todas partes en un tiempo esencial, así el espacio tiempo retroalimenta la multiplicidad universal, contiene y puede contener toda la energía del universo. Es interesante, como todo lo que existe, se refiere a un *imput* (entrada hambre) y *output* (salida o evocación), un presente, cayendo en un futuro.

Podríamos decir que el hambre fue primero que la saciedad, y de esta el fenómeno autorregulador. Esto puede equipararse a un fenómeno de descompensación que hace de la saciedad una condición inestable, esto es igual a tiempo esencial, y tiempo cronometrable es igual al infinito, algo que nunca se detiene, haciendo de la existencia una condición direccional. Tal es también el bien y el mal, la atracción y repulsión. Todo en esencia, un tiempo transluminal c+, un espacio que se mueve en sí mismo y cuyo efecto real es el espacio tiempo. Esta condición es eterna, expansiva, aentrópica con entropía 0 (cero). No está sometida a cambios esenciales que presumirían una degradación de esta unidad espacio tiempo. Esta unidad de espacio tiempo es la que se autocontiene, y crea evolutivamente todo lo existente en una condición de auto equilibrio y retroalimentación dinámica, cambiando las formas entrópicas, mas no la esencia. Visto en forma macroscópica, la condición espacio tiempo se expresa como energía oscura, esta debe estar contenida en un espacio exótico de masa negativa, esto es, lo existente habita en lo inexistente.

Ahora, ¿cómo se retroalimenta el espacio tiempo y su súper condición expansiva?, creo que lo hace creando el vacío de la nada, este vacío de la nada inexorablemente debe inducir, producir, un centro centrípeto, y la única manera de permitir el movimiento en este súper centro de atracción es autoconteniéndose. El mismo espacio tiempo se autocontiene y así se concentra para aparecer una condición tempora cronometrable, lo cual da paso a una forma que a la vez genera la atracción gravitacional dada por los gravitones (autocontenido de espacio tiempo). Este fenómeno va a hacer del universo una máquina de movimiento permanente o continuo, con el ardid de cambio permanente, este cambio permanente lo va a dar el fenómeno entrópico. Por ello nacemos y morimos. Nacen y mueren todas las formas de la diversidad, pero no desaparecen, así podemos decir que el universo es infinito y eterno, existente, pero no de igual forma siempre, cambiante. Con funcionamiento simple y complejo dependiendo de cómo lo analices.

El universo constituye una arquitectura que se origina de una condición totipotencial, tiempo dilatado, que se auto regula a una condición de máxima entropía para existir en un tiempo cronometrable. El mundo que vemos son las cosas, pero el mundo que nos mueve es la función que estas cosas reflejan. Aquí todo es y vuelve a ser. El espacio tiempo y su condición dinámica es un contenido de memoria, por tanto, es un contenido de información permanente, podemos decir, "conservado". No hay circunstancias que lo pueda acabar o aniquilar. Un encriptado de espacio y movimiento, un pulso de conciencia infinita y eterna. Ya lo veas como existencia o como movimiento. La interface entre una unidad de espacio tiempo y otra es la reflexión en sí misma, el moverse en un tiempo esencial c+ es memoria permanente en forma de energía oscura, o energía de espacio vacío de la nada, no tiene pasado ni futuro, es presente permanente y tiene entropía 0 (cero), pero al tener movimiento giratorio se autocontiene y, al autocontenerse, gira y forma unidades de espacio tiempo finitos cronometrables con tendencia entrópica.

Estos son los gravitones, los cuales son atraídos por el espacio vacío de la nada en un vector centrípeto formando los cuerpos con contenido entrópico, materia y movimientos entrópicos con velocidad c o menos. Con el termino entrópico quiero decir que son formas desintegrables y también reproducibles. Viendo el problema de esta forma creo que nos podemos sacar de la cabeza el concepto de principio y fin del universo. Siendo estas formas figuras abstractas, puntos de referencias cerebral.

La energía y espacio oscuros generan las cosas formes que le dan existencia a la naturaleza que conocemos, este espacio vacío de la nada es el espacio interquarz, interprotónico, interatómico e interfuncional. El cosmos está hecho de componentes cuánticos, ellos dan al cerebro las herramientas para su función a valor constante (c) o menor. Pero todo el universo esta sostenido por la energía oscura, la cual tiene velocidad c+, aparentemente indemostrable con nuestras herramientas y leyes físicas. ¿En cuál espacio se sostendría la energía liberada por la masa, siguiendo la ecuación fundamental de Einstein? Debe ser en el espacio de la energía oscura a velocidad c+. Mientras más se dilata el tiempo más inestable parece ser el comportamiento de estructuras de fisonomía entrópica, en este caso, la energía oscura en sí no parece tener estructura diferente a la unidad espacio tiempo (incertidumbre).

Pareciera que hay energía activa y energía de recepción, esta sería la energía del espacio exótico (-). El espacio, tal como lo hemos intuido, tal como lo conocemos, es un portal que busca el perfecto vacío, es expansivo. Podríamos decir que el espacio es la memoria del tiempo y viceversa. Si pensamos en el espacio, como un bloque de tiempo, podemos deducir por qué el espacio soporta todos los hechos energéticos del universo. Siendo así, el espacio es el continente de toda la energía y todos los hechos relacionados. Contiene todas las velocidades. Presente y futuro forman un puente infinito, y autoconteniéndose forman loops gravitacionales que, en esencia, son tiempos concentrados entre c+ y c. son memoria esencial primaria. Cada evento es un encriptado cuántico.

Capítulo XIII
El cerebro

El hombre, con su cerebro, es el conocimiento. El cerebro es el instrumento con comportamiento de información codificada tangible con el cual se analiza a la naturaleza y al universo, este, aparentemente es multifactorial y multidimensional. La inteligencia y memoria, y nuestros cinco sentidos, permiten capturar señales del mundo externo e interno y de sí mismos. Además, utilizamos el auxilio de instrumentos inventados que son amplificadores de nuestros sentidos. Todos estos instrumentos, incluyendo el cerebro, hechos por la evolución, son instrumentos de análisis que dan respuestas a nuestra relación con el entorno, en lo que respecta al manejo de nuestras necesidades de conservación, alimentación, defensa y reproducción. Los elementos de la diversidad que forman los reinos de la naturaleza responden a la fenomenología circundante. El cerebro es una máquina del tiempo, este es un concepto casi indescriptible en el entendimiento de todas las cosas.

El cerebro fabrica cosas de la abstracción, de la memoria grabada de la historia natural, evoca creaciones según necesidades y lleva a la existencia, lo inexistente. Para lograr esto utiliza las salidas que sus mismos sentidos les permiten, lo hace a través de sus manos y sus lenguajes. El conocimiento ha avanzado, se refuerza cada vez. Así que el subproducto del trabajo cerebral es el conocimiento y mediante el pensamiento codificado, se ha logrado el lenguaje y la escritura. Cuando el cerebro se concentra y escrudiña en recónditos recuerdos de la historia natural, se hace puntiforme. Pero el cerebro juega con los tiempos dilatados y concentrados, haciendo del presente una escena compleja en la que vivimos, disfrutamos y a veces sufrimos, pero que en detalle, no discernimos, sin embargo tratamos de hacerlo. Olvidamos para hacer del detalle un punto del cual seguimos estudiando. Vamos borrando periferia hasta llegar a quedarnos en la nada, esta palabra es una estructura de memoria para decir que el punto en cuestión se perdió y no podemos seguir más allá. Pareciera que la abstracción tiene un límite.

El cerebro es lento en el procesamiento de información, si lo relacionamos con las computadoras. El cerebro trabaja a aproximadamente 4x10 a la menos 7 en relación con la velocidad de la luz, estando la velocidad de conducción nerviosa entre 05 y 120mts/seg. Esto hace que señales a velocidad (c) que es tiempo dilatado, el cerebro las procese en tiempo concentrado. Esto quiere decir que lo que recorre la luz en 4x10 a la menos 7seg., en el paso por el cerebro y los nervios, se retarda 09 de segundo aproximadamente. Lo que significa que el proceso de información a la velocidad de la luz es 40 millones de veces más rápida que la velocidad de procesamiento cerebral.

Los fotones llegan a la retina y sufren un frenazo de 40 millones de veces para entrar en el cerebro y pasar, de energía fotónica, a mensaje electroquímico biológico. De tal manera que, si bien, a través de nuestros ojos discriminamos a la naturaleza, esta respuesta de nuestro cerebro es lenta con relación a si discrimináramos a velocidad (c) o (c+), y por esta razón el cerebro confunde y olvida. Es interesante la razón por la que es tan difícil visualizar el movimiento intraparticular, intraatómico, o intramolecular. En el espacio vacío de la nada no hay olvido, la concentración es convergente y el presente es permanente.

El cerebro es el instrumento más perfecto de la naturaleza, pero tiene imperfecciones funcionales, su inercia y su latencia, si fuese perfecto entenderíamos todo, y tendría que concentrar y dilatar el tiempo instantáneamente, algo imposible, ya que nuestro cerebro responde al tiempo concentrado y dilatado cronometrable. Hay una barrera para entrar a funcionar con conciencia a un nivel subcuántico. El cerebro es nuestro departamento de controles en relación con el cosmos, debemos creer en sus respuestas, ya que él es el resultado de la evolución. En el cerebro existen diagramas de flujo encriptados en memorias de los "unos" $0 \div 0 = 1$, $1 \div 1 = 1$, $n \div n = 1$ y de acuerdo con la circunstancia evolutiva y situacional, cada uno de estos contiene una memoria, que se comportaría como un algoritmo. En esta forma obtenemos la respuesta individual o colectiva del hombre en un momento dado.

El tiempo cronometrable está expresado en los volúmenes de las cosas. Solo el cerebro humano tiene conciencia del tiempo cronometrable como historia natural.

El cerebro es un órgano totalmente autorregulado, con el resto de las estructuras que nos forman como seres vivos, además, es el gran coordinador. Una de las maravillas del cerebro es que puede analizar cosas y eventos efímeros en el tiempo, aunque no tan perfecto, lo hace. Ejemplo; analizar un fotón o un gravitón.

Tenemos en nuestro cuerpo "n" células mágicamente coordinadas y auto reguladas por el cerebro, el cual es capaz de coordinar también nuestros inventos y darles realidad desde la irrealidad. Si todo lo que el cerebro hace ahora en forma consciente lo automatizáramos y lo pasáramos a un segmento de súper ADN, entonces ganaríamos tiempo y velocidad para un comportamiento consciente superior. Uno (1) representa un diagrama de flujo con contenido de memoria y capacidad de respuesta, de probable comportamiento computacional cuántico, con chips cuánticos encriptados de velocidad c+ en el vacío abstracto de la nada. Uno (1) es una cosa como símbolo matemático, y otra cosa, como encriptado biológico, aquí la memoria intrínseca es de una súper respuesta funcional que puede ser a hipervelocidad.

Capítulo XIV
La memoria

Mientras más clasificamos y diferenciamos, más nos confundimos. Mientras más verificamos encontramos más explicaciones para las aparentes diferencias. Así pasa en las críticas religiosas y en la política, también en ciencia. No nos deben confundir los matices de lo original, aunque realmente ellos hacen la diferencia. La memoria es la función fundamental de la naturaleza, es la misma existencia. Es el subproducto abstracto de la retención o grabación de memoria, o de la estructura de memoria y evocación. Básicamente lo funcional es la evocación, y lo real tangible es la grabación o el bulto que forman las cosas, estas son paquetes de espacio tiempo comprimido o concentrado. La unidad básica de memoria es la unidad de espacio tiempo, éstas se multiplican transluminalmente reflejándose en sí mismas, real y virtualmente, forman un continuo transluminal en un tiempo esencial.

Toda esta dinámica funciona a una velocidad mayor que la velocidad de la luz, expansiva y anti gravitacional. De modo que esta primera forma de memoria es el latir universal de la conciencia y es aentrópica. Y qué asombroso es un escenario que está en el futuro. Entonces ¿existió primero el futuro?, para nuestra percepción entrópica parece paradójico, pero creo que la respuesta es sí. De manera que la memoria esencial de tiempo espacio es previa al mundo entrópico que conocemos. Es lo que se denomina energía y espacio oscuros, contiene todo lo que existe, y todo lo que existe es memoria o energía oscura, autocontenida en sí misma, así se logra dar paso al tiempo cronometrable, a la memoria más objetiva, cuyas funciones las van a dar los autocontenidos de memoria esencial.

Los multicontenidos se reflejan unos en los otros e interactúan a memoria en tiempo concentrado, un tiempo intermedio entre híperdilatado (c+) y dilatado, lo cual es el espectro electromagnético, velocidad de la luz (c). ¿Cuáles serían las unidades de memorias estables que interconectan con un mundo entrópico?, creo que son el gravitón, electrón y protón. Se establece una interface entre la memoria del espacio vacío en el futuro y la atracción gravitacional a través de gravitones y muchas partículas inestables. De manera que vivimos en un universo abstracto en el que la danza coreográfica la da el movimiento en sus múltiples versiones de función expresado en las cosas. Entre estas estructuras de memoria tenemos el "cero" que podría decirse es la estructura de memoria de la nada (¿?).

En la memoria normal genética y cerebral hay una secuenciación de flujo de información. En casos donde la memoria está distorsionada hay dificultades en esta secuenciación. La memoria grabada analiza cada hecho del presente, estos hechos constituyen los verdaderos recuerdos y, como piezas de un gran rompecabezas, los concientiza, el ser se da cuenta temporo espacialmente, así analiza y compara los hechos de hoy con los recuerdos del pasado, y se aprende, se acumulan nuevos recuerdos que quedan en memoria para experiencias ulteriores. Este proceso de aprendizaje se complica a nivel molecular y cuántico (informático) ya que se trata entonces de bloques de espacio tiempo dilatado, manejados en gris por nuestra conciencia.

Algo ocurrió, se grabó, tuvo forma como estructura de memoria, y sobre ella se fueron grabando y grabando eventos, hasta llegar a las formas complejas de memoria. Las formas de las cosas entonces son posiciones temporoespaciales complejas de los mismos elementos o eventos, y circunstancias. La memoria grabada es el espejo reflector donde se refleja toda la película de la evolución. Quizás el problema en una persona con demencia senil, esquizofrénica o delirante se ubica en el sistema de grabación y no en el sistema de evocación, ya que el presente como recuerdo real no mejora los comportamientos de estos pacientes.

Cuando nosotros recordamos, estos recuerdos del subconsciente e inconsciente que son actos motores o reflejos, o emociones también muy complejas, lo hacemos en el mundo virtual. Son memorias muy estabilizadas que nos llevan a la acción sin un acto de conciencia notable. Así también lo hacen los pingüinos y las abejas, cuando desde muy lejos regresan a sus nidos este es el recuerdo real, un acto de conciencia" inconsciente" automática, que lleva al objetivo sin mediar ningún problema. Se toma la decisión sin mediar aparentemente ninguna voluntad bien definida. Es la misma circunstancia que nos impide en alto grado cambiar nuestras conductas y hábitos.

Otra cosa es cuando la evocación ocurre ante la presencia del estímulo memorizado, este es un presente verdadero, con este tipo de evocación afrontamos la vida diaria. Puede ser que evoquemos ante el estímulo a memorizar, en este caso el cerebro ya debe tener la máscara némica previa inscrita, de semejanzas grabadas previamente, a través de la historia natural. Así se establece el presente, lo que queremos reconocer, no lo reconocemos, pero se nos parece a algo, algún esbozo de parecido tenemos para responder a la realidad inmediata. Evocamos lo aprendido y no olvidado, o evocamos con el presente a la vista, captable por cualquiera de los sentidos del ser vivo. Así podríamos decir que el presente es un recuerdo. Si mi hijo está frente a mí es un recuerdo objetivo, presente verdadero, pero si lo recuerdo, porque está en otro lugar del planeta, entonces utilizo la maquinaria virtual secuencial de mi cerebro, hay una interconectividad entre mi recuerdo y el objeto recordado. Si, por el contrario, recuerdo a través de ver una fotografía o video, estoy utilizando la maquinaria virtual de mi cerebro, pero entendiendo que esa imagen es un momento atrapado en la vida media del material, en el cual fue grabada esa memoria, o sea, ese instante.

Sin embargo, debe de haber un primer presente real, una memoria grabada que pueda inducir la evocación original virtual, una primera fotografía del presente real. Pero sabemos que la evocación viene de una grabación previa, que debe ser estructural y tener correlación con lo real. Debe tener masa relativistamente hablando.

El presente del tiempo espacio es permanente, se auto replica por autorreflexión en sí mismo en un tiempo esencial, que es transluminal, de aquí en ese tiempo (c+) se obtiene la primera foto de una arena que ulteriormente construye todo. De manera que el espacio tiempo es también el bulto del espacio tiempo, todo lo da la percepción de nuestro cerebro, así el tiempo cronometrable permite al cerebro percibir el tiempo dilatado.

El hombre viejo pierde la memoria porque ha habido en él un desorden, un aumento de entropía en su estructura. Lo que queda de su estructura es parte de su memoria abstracta, el presente de su vida casi desapareció de sus contenidos. Ya los familiares, amigos y paisajes no se evocan en un presente. El problema del viejo es su soledad, el silencio interno que contiene todo en una condición vespertina, no muy coherente, es una confusión simbólica en gris. En ese pasado que pasó no queda presente tangible, se disloca la secuenciación. Ya hoy no se correlaciona con ayer ni con mañana. El viejo, entonces, perdió en gran parte el amor táctil, sensorial, el que contiene a la juventud, ya para él el placer sensorial no es su esencia. Es notorio el desbalance en relación con el hombre joven.

El joven contiene la historia natural primaria, una grabación antigua en evocación presente real expresada en sus apetitos, sexo y reproducción, la alegría y motivación de hacer porque el campo está abierto e iluminado. El viejo pierde la capacidad presente de hacer activas estas memorias, entonces, podemos decir que el joven contiene al viejo y no viceversa, este tiene que morir porque perdió, debido a la entropía, gran parte de su capacidad sensorial primaria, aquello que, como el hambre, nos mueve a la saciedad plena con el alimento, entendido este, en su múltiple y amplia acepción. Se distorsiona un edificio hecho con bloques de memoria cronometrada, el hombre.

Es importante recordar que, en un concepto amplio, la falta o incapacidad por cualquier causa para evocar un movimiento o cualquiera de las circunstancias a través de nuestros sentidos, también deben considerarse como trastornos de memorias biológica, o deterioro entrópico. No poder evocar es igual a olvidar, hay olvidos fisiológicos y patológicos, transitorios y permanentes, todo ello constituye una catedra en neuropsicología y neurología. La memoria grabada y evocada es una sucesión de memorias secuenciadas. El espacio tiempo es memoria en una condición sub cuántica. Nuestra percepción del presente es una condición de multiplicidad, y representa una estructura de grabación con una función de evocación. Todo comienza en un punto, y cuando nos concentramos volvemos a un punto.

La realidad es entonces la escena que vemos. En el centro de la concentración mental un punto, este punto es la verdad. En la energía oscura no hay percepción humana, es el estado primordial de nada-haber. Llegando y por debajo a la velocidad entrópica (c) hay tiempo cronometrado, ello hace que la percepción humana sea múltiple con relación al espacio tiempo. Las subpartículas, protones, electrones, átomos son paquetes de información o módulos de memoria, ello hace que para el cerebro humano el comportamiento de todo, incluyéndonos, sea un caos con punto de conciencia coherente, y mares de inconciencia e incertidumbre. De allí la dificultad en comprendernos de verdad los unos con los otros.

La conciencia se mueve hacia el futuro, y es estática hacia el pasado, vamos del nacimiento a la muerte y no viceversa. Los electrones y protones no envejecen a la velocidad cerca de (c). Y los percibimos a la velocidad cronometrable como de larga vida, pero si ellos los llegáramos a retrotraer a la velocidad cronometrable, serían muy viejos. A velocidad superiores a (c) el tiempo se detiene, no habría tiempo cronometrable, las distancias se harían transluminales.

La memoria consta básicamente de un bloque de grabación que está en el pasado, y una función de evocación que está en el presente. Ejemplo: el efecto que produce una determinada molécula es evocación, es un presente, es una función, y la estructura de la molécula es el bloque de memoria grabada.

La reproducción de la diversidad es la evocación de un pasado. La inteligencia lo hace tangible, sacamos del futuro sabiduría de una grabación que pareciera no tener conciencia pasada, por ello creo que el pasado y el futuro son la misma cosa. Si se acelera el tiempo cronometrable a distancias cosmológicas, se dilataría ese tiempo, entonces rejuveneceríamos. Las informaciones que obtenemos desde objetos que están a distancias cosmológicas nos llegan rejuvenecidas, pero podemos inferir considerando el lugar de origen que, aquellos lugares, son muy antiguos. Según criterio relativístico, a velocidades próximas a la luz, las distancias se acortan más y más, la energía aumenta más y más, de tal modo que para aumentar un poco más la velocidad, la energía necesaria sería muy grande. De allí el conocimiento de la imposibilidad de vencer la marca constante de la velocidad (c). El presente y el futuro son evocación. Un proyecto para el futuro, una premonición, una profecía, podrían interpretarse como la evocación de un presente que no ha llegado (¿?), por ello creo que el futuro es un pasado, porque en principio no debe haber evocación sin su previa grabación. Pareciera que el futuro es una construcción abstracta del cerebro, con un valor de grabación negativo o exótico.

Si el futuro es el pasado, todo lo que percibimos es pasado, lo percibo hoy, lo recuerdo mañana, pero mañana será el presente de ese recuerdo que fue ayer. El cerebro juega con fantasmas de lo que fue, lo que es y lo que realmente es. Ejemplo: vemos las estrellas, pero quizás en algunos casos vemos el fantasma de lo que fueron. Caminamos hacia el futuro percibiendo un pasado, y este presente alarga más ese pasado. Pasa y pasa y eso es el tiempo cronometrable de historia natural y entrópica. ¿Qué sucede en el olvido?, perdemos la conciencia de la evocación, se detiene el presente, pero para nuestra conciencia. El movimiento circular y vibratorio es expresión de la curvatura de espacio tiempo, autoconteniéndose. Somos un recuerdo permanente, todo lo que existe es un recuerdo permanente. El cerebro es una maravillosa maquina procesadora del tiempo, el futuro en realidad no contiene sino vacío, es cóncavo, todo está contenido en el pasado, pero el pasado es futuro.

El futuro es el más abstracto de los tiempos de conjugación, es lo que permite el movimiento y permite el desarrollo de la energía, donde cabe la energía es energía y espacio exótico. Sobre el pasado podremos recordar, la evocación es traer al presente lo grabado en el pasado. La inteligencia y todas las actividades humanas se basan en la capacidad de evocación del cerebro, ya sea en lenguaje convencional o simbólico. La intuición es la capacidad de evocación simbólica, memoria de todos los tiempos de la existencia, lo cual es la historia natural. La imaginación se basa en la evocación de eventos simbólicos de nuestra memoria genética evolutiva, simbolismos arcaicos.

El cerebro es una maquina asombrosa de grabar pasado y evocar presente, el cerebro proyecta el presente entre grabación y evocación, siendo este presente la existencia, el tiempo sería la verdadera conciencia, hay un tiempo de conciencia de la existencia. En el espacio tiempo están todos los mensajes pasados y presentes, también se ubicarán los mensajes futuros que tendrán que ser decodificados para darles conciencia. Ejemplo: ahora en el presente envío un mensaje codificado a Toronto, Canadá, en este caso, Toronto (está en el futuro), allí se hará presente gracias a los decodificadores y entes conscientes que le den conciencia allá, de lo contrario el mensaje se pierde en el tiempo, quizás ni siquiera logre salir del presente. Pues bien, ese trabajo lo hace el cerebro. Podemos decir que nuestra inteligencia trabaja en tiempo dilatado, y la memoria trabaja en tiempo concentrado, por esta razón vemos, percibimos y actuamos entre las cosas.

El cerebro es una máquina que trabaja con aspectos virtuales de las cosas que se aprenden, memorias en una condición que podría definirse como memoria extendida, como una molécula de ADN, consciente, con libre albedrío. Con la inteligencia las necesidades virtuales se llevan a la realidad. Con la inteligencia inconsciente el ADN fabrica todo nuestro cuerpo y hace que funcione.

Nosotros, como cualquier ser, somos aparatos biológicos autorregulados, de numerosos símbolos o elementos virtuales que están en la virtualidad de lo que aprendemos, forman memorias complejas y compuestas y, como los números, contiene todos los infinitos entre el número previo y el número siguiente. De aquí, que la memoria es evocación y es reproducción, esta es la característica primordial de la existencia. Estamos constantemente recordando y comparando. Los aparatos que ejecutan la virtualidad se agotan porque realizan un trabajo, y este es expresión del movimiento.

Las emociones y sentimientos tales como: ira, amor, sentido estético y miedo son expresión consciente, virtual, de mecanismos antiquísimos de memorias, quizá defensivas que concientizan. Son difusas y globales, responden a situaciones ocurridas a través de la evolución de millones de años, son respuestas de vivir la existencia en los avatares de los primeros tiempos, siendo presa en la vida salvaje. El sentido estético es lo virtual de la seguridad, se parece a la risa, a lo bello, a lo seguro. El pánico y miedo son lo virtual de la inseguridad, el pánico se parece al llanto y la pena, a lo inseguro. Las palabras son estructuras de memorias, universos a veces difusos con un centro de precisión que permiten comparar la dinámica caótica que se mantiene entre las existencias de los seres.

Lo virtual se parece el reverso de la existencia. La finitud es responsable de la unidad espacio tiempo, y también de la multiplicidad. Los símbolos representativos de funciones y cosas del hombre son las estructuras de memoria para las funciones que el hombre quiere representar. Ejemplo: el símbolo "A", una letra vocal, representa una manifestación fonética cuya función ya existe en la naturaleza, pero que el hombre le da forma de estructural grabada, la cual podemos representar en todos los fonemas y significados donde ella pueda existir, también en acrónimos. Estas estructuras de memoria abstracta solo las procesa el cerebro.

La máxima expresión estable del tiempo concentrado, son los protones, de cuyas combinaciones salen los cuerpos, o formas, los seres vivos, hombres, hormigas, piedras y galaxias. Todas ellas son contenido de tiempo cronometrable, sometidos a entropía, por tanto, temporalmente finitos. Si lográramos una velocidad 100% de la velocidad de la luz (c), en una nave, los relojes en ella prácticamente se detendrían en relación con relojes en la tierra. Y de allí en adelante el tiempo esencial se orienta a velocidad (c+). El que llamaré espacio vacío aentrópico centrífugo. Y este espacio vacío es la estructura de memoria de la energía oscura, es una memoria permanente transluminal.

El universo, entonces, es convergente, la existencia es convergente. Cada gen grabado de una función, o sea, de un procedimiento, es la materia prima para que el ADN actúe. Este gen viene de moléculas similares que están también grabadas en el espacio vacío. Así que en una célula está todo el gradiente entre tiempo esencial y tiempo cronometrable, entre máximos y mínimos tiempo dilatados.

Todo está ligado a mi "yo" como un punto en el espacio tiempo. Cuando hablo de diferentes observadores nunca "yo" tengo conciencia del fenómeno, yo lo tengo y muchos lo tienen. En este sentido, yo soy el centro del universo, de mi universo, soy un infinito encriptado en cada posición. Probablemente cualquier punto del universo es el centro del universo en relación con la velocidad (c). La información que llega a un punto es convergente la que sale de ese punto es divergente, convergente para mí es divergente para el otro observador, pero para este, es convergente. Por ello, somos diferentes por ubicación en el espacio tiempo. Toda información traduce en los seres vivos un movimiento bioquímico, estructural en mí o yo cualquiera. Siempre se cumple el principio de acción y reacción. Un segundo interlocutor u observador verá el mundo totalmente diferente. Cuando me refiero a "yo" puede ser un protón o un electrón. La memoria entrópica es la existencia, es la historia, y está en tiempo cronometrable.

El cerebro, con su poder abstracto, establece la conciencia compleja. Muchos seres vivos, aparte de la conciencia de existir, tienen visos de conciencia compleja. Para una piedra su existencia es su conciencia, es su forma de decir yo estoy aquí. La memoria es una estructura que soporta la entropía. El tiempo cronometrable tiene una conciencia nítida en una partícula elemental. La historia natural está representada por un concentrado de memoria en tiempo cronometrable entre el pasado y el presente. La salida (output) de cualquier sistema, puede ser real o virtual, está en el futuro, en relación con la entrada (input), entre estas dos circunstancias hay retroalimentación.

Lo funcional es la memoria. Cualquier cambio a que sea sometida una partícula o ser se mantienen en estructura de memoria y se reproduce, es decir se evoca, de allí los avances y regresiones implícitos en la evolución. Una idea coherente es inteligencia, y ella es una maquina reproductora, la cual esta impresa en la unidad de tiempo espacio. ¿Cómo se mantienen los módulos reproductores de la biodiversidad? Se fijan hechos para activarlos en el futuro. La evocación es el display de una grabación pasada, así el futuro hace que se evoque el pasado.

En un viejo con un trastorno de cognición hay trastornos estructurales que distorsionan los andamios de la memoria y la secuenciación de eventos de memoria, y como en un terrero erosionado, no crece lo sembrado, no perdura lo aprendido, de ello se puede deducir que la conciencia coherente estaría disminuida, más aún, cuando no procesamos las relaciones temporales. No tendremos conciencia temporal de la conjugación de los verbos que constituyen los módulos funcionales que, secuenciados, conducen la función normal del cerebro y todo el aparato biológico.

La relación que existe entre el comienzo y el final del tiempo, es la misma que existe entre comienzo y final del universo, una estructura de memoria abstracta, mas no una realidad. No es paradójico pensar que, en el presente, las cosas tal como las percibimos están en el máximo de la velocidad de la luz. Podríamos decir que agarramos la luz, como agarramos el agua del mar.

Los sentidos nos hacen presente recuerdos gratos o ingratos. El dolor y los recuerdos de percepciones ingratas son recuerdos de nuestros sufrimientos primitivos. El leguaje nos permite integrar recuerdos de nuestro mundo a través del tiempo pasado, cronometrado. Nuestra orientación temporo espacial desde el mismo momento en que la percibo, es un recuerdo y un olvido. Entre lo real y lo virtual hay un periodo de latencia, un tiempo muy corto, un latido del universo, secuencial, es nuestro permanente andar en el futuro, caer en el futuro, infinito o eternidad.

En investigación: ¿cómo acciones tan rápidas se fijan en un material (gel), y luego las analizamos? Debe haber inercia del material para reaccionar, inercia de los equipos, y la limitación entrópica de la velocidad de la luz, quizá los datos que obtenemos no son realmente precisos. A esta velocidad, aparentemente, no hay olvido. El cerebro tiene una gran inercia en sus respuestas porque el proceso de su información no va a la velocidad "c". El cerebro hace un trabajo único al estratificar en orden los hechos del tiempo, y así darle conciencia a la historia, también en la secuenciación de los hechos, en su existencia virtual, de ahora, antes y después, que el cerebro establece eventualmente. Es la esencia de la existencia, tal como la percibimos, de lo contrario no habría historia. Ese, hace mucho tiempo, o después de después y aparejar muchos hechos en el mismo estrato histórico es función cerebral.

Las partículas sub-subatómicas, subatómicas, albergan memorias simples en interacción, y de su interrelación. De esta forma, aparecen memorias más complejas de cuya multiplicidad aparecen módulos y memorias secundarias que la evolución llevó a ultraestructuras biológicas hasta llegar al hombre, un ser muy similar a los animales, pero obviamente con grandes diferencias en sus destrezas evolutivas. La memoria es la existencia, es información ultra rápida de acuerdo con el principio de equivalencia, nos adentramos en el pasado que es el futuro y construimos así la historia natural en tiempo cronometrable.

Una partícula tiene la conciencia de su existencia, pero nuestra conciencia compleja percibe en paquetes de partículas. Cuando el cerebro se detiene y concientiza mejor, procesa el mismo fenómeno circularmente, hace una réplica, a alta rata de frecuencia. En la historia natural las memorias vienen de lo sencillo a lo complejo. Las memorias complejas evidentemente son productos evolutivos, una especie de ADN que se recicla en la materia oscura, "memorias de memorias". De modo que la memoria consciente es más nueva en la evolución. La memoria inconsciente es muy antigua en la evolución. Los fenómenos reflejos en biología son esbozo de memoria consciente muy antigua. Ejemplo: la retirada defensiva, la cual incluye entrada de información, en los cinco sentidos.

Podemos decir que, cualquier ser vivo, el hombre, es la historia natural evolutiva, pasado, presente y futuro en un solo volumen. Cada ser es un volumen de historia natural y genética. Cada ser es un volumen, hay tantos volúmenes como seres, pero la evolución expresada en los seres no es una enciclopedia. No estamos obligados a entender a los demás, ellos son otros volúmenes completos de historia natural. La libertad está en nuestro respeto como especie y como biodiversidad.

Todos los seres conocidos, vivos o no, trabajan en nuestro entorno conformando nuestra conciencia. Todos los bits que entran y salen de nuestros cuerpos lo hacen en condición de tiempo dilatado, presente permanente, lo que está lejos entra en nuestra conciencia como tiempo dilatado, la memoria simbólica igualmente. El símbolo A es una estructura que el cerebro reconoce y procesa gracias a la evolución. Creo que los algoritmos de la naturaleza son las cosas, incluyéndonos nosotros mismos como humanos independientes, y ellos, se estabilizan, pero también deforman el sistema de las matemáticas, usando los "unos" como entes vacíos uniformes en sus contenidos. En biología yo soy un yo que se estabiliza siendo $yo \div yo = 1$. Este 1 soy yo, no tiene el valor de uno como en matemáticas. En forma virtual de su uso tiene un valor cuántico de algoritmo, una memoria de lo que soy yo. En esta forma el cerebro reconoce "unos" como algoritmos de todas las cosas. Esto permite diferenciar entre semejantes.

El cuerpo humano y todos los seres vivos perciben todas las sensaciones del mundo exterior en forma de máxima energía, o sea, en tiempo dilatado. Las moléculas de ADN realizan sus funciones en condiciones de máxima energía, o sea, en tiempo dilatado, cercano a (c), nivel fotónico. Los fotones son formas de memoria con características y comportamientos propios. Deben estar compuestos de características sub-sub cuánticas y sub-sub temporales, cuya evocación da los efectos conocidos y desconocidos, caóticos de un fotón. El tiempo cronometrable es propio de estructuras que se mueven a velocidad tangible. Tienen un "yo" temporal, se reproducen y se han podido continuar evolutivamente hasta llegar a lo que es hoy el universo.

La memoria grabada en el tiempo queda representada por todos los objetos existentes, con vidas medias variables. Son estructuras que representan evocaciones de funciones, estas funciones son únicas, aunque una misma estructura de memoria puede tener varias funciones, por ejemplo: la función de un lápiz es escribir, pero pudiera ejercer la función de agredir, abrir, empujar y otras funciones. Las funciones parecen estar congeladas en el tiempo espacio esencial (¿?), esta situación se complica de tal forma que puedan ser la memoria del ADN de un ser. Pareciera que el ADN es la automatización de funciones que se repitieron evolutivamente con libertad situacional y se automatizaron para un funcionamiento bastante rígido e inconsciente. Así se abrió espacio para que el cerebro consciente actual, actuara. La pérdida de memoria es una alteración comunicacional, una desintegración de estos nexos, y en la coordinación global del ser, el hombre en este caso.

El hombre responde diariamente, y con su memoria compara hechos y responde. Compara circunstancias y responde, de allí es donde en circunstancias normales, un enajenado mental puede responder con violencia, y una persona normal puede responder con una evasiva, o señales de adaptación social y familiar, solo si las circunstancias son apremiantes la respuesta inmediata sería de ira o violencia. Ejemplo: cualquier persona si es agredida en la calle responde con su paquete genético de autodefensa, su presente se proyecta en el pasado y se refleja en el presente situacional, en velocidad entrópica.

Los seres vivos con capacidad de movimiento analizamos personalmente en presente, lo comparamos con el bagaje de nuestro pasado y tomamos decisiones, actitudes que definen nuestros comportamientos en sociedad, en el entorno, o de emergencia. La evocación es una función, detrás de ella hay una estructura de memoria, y esta estructura de memoria, en este caso, es el hombre. Sus evocaciones son comportamientos complejos de conciencia prístina, y también refleja. Varios hombres montados en una nave, tren, avión, autobús están contenidos en ellas, su libertad hacia el exterior está limitadas por esta causa.

Probablemente las bacterias y virus desarrollan sus vidas en tiempos dilatados, están en el futuro con relación al hospedador, en este caso el hombre, por ello penetran, hacen de las suyas, y el huespedador se da cuenta muy tarde. Es decir, estos seres hacen que nosotros estemos en el pasado en relación con ellos. Mientras ellos actúan el hombre está inconsciente, una condición equivalente al pasado.

La realidad virtual es nuestra imagen en el espejo, lo percibimos con visión y audición, pero no con olfato, gusto o tacto (¿?). Quizás las termitas trabajan en tiempos dilatados también, y sus acciones van delante de nuestra conciencia, nunca sabemos cuándo comienzan a comer nuestros muebles, quizás ya están en la madera antes que esta forme parte de esos muebles. Todos sabemos que cuando pensamos y actuamos, ya previamente ha ocurrido todo un proceso de elaboración previa en nuestros cerebros. Todo un proceso elaborador de lo que realmente traemos a conciencia presente. Los procesos conscientes se preelaboran en el futuro, el cerebro elabora en el futuro para actuar en el presente, quizás cuando el cerebro incluya en la inconciencia, es decir, automatice el manejo de la historia natural en un tiempo híperdilatado, podríamos en conciencia y tiempo aentrópico conquistar el cosmos. Así ganaríamos 10 a 15 dígitos en velocidad para vencer nuestro encierro entrópico. Cualquier célula es un encriptado de conciencia independiente, tiene su "yo".

La evocación es conciencia presente, función fundamental de entre otras estructuras, del cerebro, del lóbulo temporal y frontal.

Capítulo XV
Infinito

Infinito se refiere a algo que no tiene fin, en lo grande o lo pequeño, en lo positivo o lo negativo. El infinito no tolera suma resta o multiplicación, solo tolera división entre sí mismo, lo cual es igual a uno (1), y este uno es un encriptado, ese encriptado hace al infinito, finito, es en esta forma que lo aprehendemos. El infinito no se detiene nunca, es la variable última que no muere. El infinito puede estar contenido en cualquier variable, a pesar de que siendo esta variable un contenido, se reproduce y por definición sería finita. ¿Cómo? Así es lo abstracto. Infinito es la concavidad que permite a cualquier partícula existir, entrando permanentemente en el futuro.

Como dije antes, el infinito es un encriptado, un momento, y este momento lo procesa el cerebro. Es un instante existencial equivalente a un tiempo esencial. Palabras con significados de infinito: eterno, siempre, nunca, jamás. El infinito es un valor nunca alcanzado y representa el futuro del movimiento. Todas las acciones de la naturaleza, entre ellas, la acción vital del hombre, representan valores encriptados de infinitos, inexorables movimientos. Un infinito también se refiere a tiempo cronometrable en términos humanos, algo que no se detendrá. La energía oscura en tiempo dilatado existe siempre, es la abstracción simbólica, también un infinito, pero que se pierde en la inconciencia.

La autorregulación es también infinita, cambia de forma entrópica, pero siempre existe. Podría pensarse en infinitos que se autocontienen con cierto grado de entropía, por ejemplo: los gravitones. Los infinitos son un continuo, y el cerebro los incorpora como encriptados con un valor de uno. Los infinitos convergen hacia el tiempo dilatado máximo (c+), y divergen finalmente para autorregularse en condición de energía oscura (c+). También hacia lo visible, concentrado, volumétrico, en este caso diámetros que aumentan, permiten que los extremos se toquen. La vida como un yo, un presente, es infinita, solo que se expresa a nuestra conciencia en forma entrópica, por ello somos concentrados de conciencia.

Si consideramos todo lo existente, es un presente gracias a que permanentemente va entrando en el futuro, caemos en el vacío como un astro alrededor de un planeta, todas las cosas son infinitas. Lo que son finitos son las formas entrópicas, mediante las cuales se expresan las funciones. Infinita es también la historia natural, mantiene su eternidad en múltiples ciclos, por ejemplo: ¿quién sabe cuántos sistemas solares y similares se habrán extinguidos hasta ahora?, nadie lo sabe, pero el símbolo adecuado para introducirlos en los cálculos es infinito. Quiero decir con el término cálculos, la abstracción mental. Entonces, la conciencia o existencia infinita es el movimiento universal. Sin esta percepción no nos daríamos cuenta de los cambios que ocurren a cada momento. Significa intercambio de energía y cambios en el tiempo cronometrable. Se puede inferir que a velocidad 0 no hay movimiento. De donde infinito existe en condición de tiempo dilatado y tiempo cronometrable.

La conciencia es convergente y es divergente, la podemos imaginar como real y también virtual, como el centro de una esfera. En una condición supuesta, en que distancia sea igual a velocidad, no hay movimiento. Entonces el tiempo esencial estaría entre 0 (cero) e infinito, pero si pensamos en tiempo esencial no habría infinito tangible, que no sea el tiempo en movimiento. Es un infinito por su movimiento permanente, presumo que debe ser un movimiento circular. Pero entre un punto cualquiera y 0 (cero) hay un infinito, entre un número cualquiera el previo y el siguiente se reúnen todos los infinitos. Así el espacio tiempo expansivo es memoria, a este proceso lo podemos llamar infinito, pues si bien crea la unidad de espacio tiempo, también de esta, se soporta y llena la memoria infinita del espacio tiempo.

Es interesante que las relaciones entre figuras geométricas, perímetros, superficies, diámetros, radios, casi siempre conducen a número de secuenciación infinita. Ejemplo: numero π. Creo que la figura más real y simétrica de la naturaleza es la esfera. Es inconcebible un universo infinito en un tiempo estático. Es el movimiento permanente lo que le da al universo infinitud y eternidad. Los instintos son funciones cuyo movimiento al futuro los hacen perenes e infinitos.

¿Es el futuro un ambiente anti gravitacional?, la respuesta es sí, activo e infinito. Todo se mueve gracias a que lo centrífugo predomina sobre lo centrípeto. El infinito es un vector que se orienta hacia el futuro siempre, y ello permite la existencia. Infinito se refiere a que continúa siempre, es equivalente a conciencia, existencia y reproducción.

Capítulo XVI
La energía

La energía es una función por que está dada por la velocidad y masa de un objeto en movimiento. Así que previamente se concluyó, que la energía es el movimiento. Lo que da tiempo y realidad a las cosas y hace que nada sea atemporal, entonces, en forma permanente todos los objetos estarían produciendo, ejerciendo, la capacidad de la función de generar energía y, a la vez, en base a ello, crear un trabajo, por que resulte en el consumo de esa energía. Pero la energía sin movimiento, sería una abstracción inexistente. Viendo las cosas en el mero escenario de la existencia, a mayor velocidad, mayor energía y menor velocidad menor energía. Si el objeto está relativamente estático, es un bloque de memoria grabada. Contiene energía potencial en forma de masa, o sea, que la masa contiene en sí la capacidad de generar energía, siendo esta, una función de la masa. Si adquiere movimiento en relación con el tiempo, este movimiento tendrá una velocidad, nunca es un sistema estático, de manera que el solo hecho de existir tangiblemente le da un movimiento expansivo, tiene que entrar en el futuro permanentemente.

De esta relación, el cerebro evolutivo ha creado otra función simbólica que es la memoria, ésta, es algo así como el estado de cuenta, en la contabilidad del ejercicio del tiempo, de la energía. No se concibe el tiempo y el espacio andando solos aisladamente con comportamiento individual, de donde es el pequeño bloque de espacio tiempo, quien posee, la máxima energía de movimiento, energía cinética y energía potencial como representación sutil de la masa. Se habla de energía cinética máxima (fotón), sin masa. Quizás sea una sutileza, para un cerebro que no puede medir e intuir con súper velocidades inaprehensibles.

Creo que la energía cinética y la energía potencial ocupan o se desplazan hacia espacios ávidos de contenidos, espacios exóticos que evidentemente albergan masa negativa. Si en mi estado de cuenta debo, o está en rojo la deuda de un bolívar, se señala con el signo menos. Si yo decido pagar ese bolívar, este contiene el signo más, lo que quiere decir que pagar el bolívar que debo es correcto, pero lo que ocurre es que el bolívar que pago (+) ocupa el lugar exótico, memoria negativa donde él no estaba. ¿Y qué pasa? Queda un espacio exótico otra vez donde estaba el bolívar que pagué. Aquí no se ha neutralizado ninguna cuenta, siempre un bolívar real está contenido en un espacio virtual y es este proceso el que le da existencia infinita a la energía.

En esta transacción permanente se crea una onda sinusoidal eterna de movimiento. Podemos decir que la unidad de espacio tiempo se mueve hacia un espacio receptor, ávido, que es el espacio exótico que, según los físicos contendría energía negativa, esta no sería energía, sino que ocupa el lugar del objeto que se mueve en este juego dinámico se autocontienen elementos tales como los gravitones. Llenan el espacio atractivo que conocemos, y el mismo define el vacío de la nada. De modo que, finalmente, la energía la da un autocontenido que se desplaza hacia un espacio negativo, ávido de contener, y este es el espacio exótico. Este contiene energía llamada negativa que solo es la avidez de contener, pero la velocidad la da el elemento forme que en esencia es la unidad de espacio tiempo.

De modo, que es la energía autocontenida la que da forma a la masa, y esta les da forma a las cosas, cada una al ejercer la energía de alguna manera, produce una función. Hay dos estructuras de memorias simbólicas, son palabras que traducen conceptos bien definidos a los cuales debo referirme, y están muy relacionado con energía y estas estructuras de memoria, son: entropía y caos.

Cuando me refiero a una condición entrópica, quiero decir esa tendencia de todas las cosas a desorganizarse en el curso de su existencia, son formas cambiantes. Obligatoriamente se desintegrarán al cabo de un tiempo. De allí la reproducción, o sea, que todo cambia, se ordena, y se desordena luego. También me he referido a una condición aentrópica, con lo que quiero decir que es una base de energía, la cual intercambia con las cosas, pero su presente es permanente. No se desintegrará jamás. Ello hace que la energía de nuestro universo este compensada permanentemente, y que los cambios son solo de formas que ejercen las funciones y nos hacen sentir y vivir el universo como nuestro cerebro lo ha memorizado. Hay muchas variantes en la denominación universal.

La entropía crea situaciones caóticas, y estas situaciones finalmente no son orden ni desorden sino multivariables, las cuales el cerebro hasta la hora actual, en su condición evolutiva, no puede absorber y resolver conscientemente. Así que el dinamismo energético universal crea muchos matices funcionales de formas de energías que el cerebro no puede procesar y, hasta este momento de la historia, representa una selva impenetrable para la conciencia humana. Sabemos que estamos en todas partes, pero no lo percibimos claramente, con plena conciencia. La totipotencialidad máxima de energía cinética y potencial lo tiene la unidad de espacio tiempo, la formación de esta unidad de espacio tiempo, a partir de la nada, es lo que podríamos llamar el Big Bang. De manera que estamos formados de esta energía, la cual en su conjunto conforma la llamada energía oscura. Somos encriptados de múltiples facetas en la dinámica de la energía universal, todas las energías, cinética y potencial, terminan en energía electromagnética y atómica, de fisión y fusión.

En su contexto histórico están contenidas en nosotros, y el cerebro percibe todo esto. En los seres de la biodiversidad y en la sociedad. Debido a esta brecha gris en que el cerebro no puede procesar a súper velocidades, hace que tengamos fallas grandes en los pronósticos, así en el mismo manejo de muchas variables, nuestra conciencia se confunde y no puede analizar muchos resultados, haciendo que estos no se correlacionen en el tiempo cronometrable. Lo podemos llamar un caos.

Existimos en un universo de ondas y frecuencias, podríamos decir que la fricción es el giro del movimiento lineal (¿?), y que esta en realidad es un movimiento giratorio, una onda electromagnética, gira, arrastra la energía y espacios oscuros. Aunque toda la masa que está contenida en el universo se transformar en luz, esta no llenaría el espacio que llenaría la energía oscura.

El sol genera energía de alta velocidad, sus variadas frecuencias luminosas son el motor que mueve la fábrica biológica, la fotosíntesis. La masa transformada en energía trabaja en tiempo dilatado al cuadrado, entonces nosotros vemos la luz en una condición dilatada, y nuestra percepción la agarra como si fuese algún objeto cualquiera. La energía como tal corresponde a tiempos muy cortos. La masa corresponde a tiempos concentrados muy largos.

En todo fenómeno energético hay un emisor, un portador, y un receptor. Va de un presente a un futuro. Es probable que la luz en forma de onda sea más energética que la luz en forma de partícula, por ser las partículas más susceptibles de cargar entropía, lo cual es un proceso de desorden. En la energía de espacio tiempo anti gravitacional, la energía oscura da origen al espacio vacío de la nada y a los gravitones, y estos establecen los nexos con el mundo entrópico, son espacio tiempo autocontenido. La energía oscura forma todas las partículas y cuerpos del mundo entrópico, cuyas formas convexas son sometidas a degradación, muerte y reproducción. La energía oscura se mueve a una velocidad mayor a la velocidad de la luz, esta es la velocidad aentrópica (c+), es el tiempo esencial transluminal. Los gravitones son un autocontenido de energía oscura, ellos establecen la interface entre energía oscura, que es tiempo esencial transluminal, y tiempo cronometrable, el cual es el tiempo de las formas gravitacionales, formas entrópicas.

Las partículas, subpartículas y sub-subpartículas tienen posibilidad de desordenarse en su estructura y generar unidades de espacio tiempo. Ultima condición de existencia estable, por tanto, con ninguna entropía. De modo que la energía oscura o energía del espacio vacío es la misma entraña de todas las partículas y subpartículas tangibles. La energía oscura es un punto de convergencia, y con el tiempo esencial, divergen al infinito, por auto replicación y autorreflexión, permitiendo la existencia o conciencia transluminal, es algo como un espiral dentro de otro espiral, haciendo de su movimiento el giro esencial que conlleva a ondas y frecuencias.

La energía oscura siempre está en el futuro (c+) del universo tangible a velocidad máxima (c), significa el universo cuántico convencional. La energía exótica negativa es el espacio que ocupan las energías oscuras, cóncavas y convexas, juntas generando ondas sinusoidales. La evolución de los procesos cósmicos de miles de años, el caos entres las energías, discurren en una condición no alcanzable por el cerebro humano hasta ahora. Si la evolución continúa siendo un proceso favorable, habrá muchos cambios conceptuales, ya que el cerebro cada día procesará información con mayor eficiencia. La inteligencia artificial logrará mucho, pero ¿acelerará y mejorará los procesos de autoconciencia? Siempre habrá un espacio para ser ocupados por los objetos evolutivos, lo cual será versión del espacio y energía exótica: cóncavo y convexo. Hay caos en la interpretación cerebral, pero lo que observamos son versiones de lo que ocurre a nivel cuántico. La dinámica está en la transformación de la energía en movimiento.

Capítulo XVII
La conciencia

Conciencia es darse cuenta de nuestra existencia, es decir, conciencia es existencia. Entonces lo primigenio en conciencia, es la unidad de espacio tiempo, o sea, la energía oscura, luego, la cascada de partículas que le suceden, y de cuyas combinaciones y evolución surgieron conciencias cada vez más complejas, existencias más objetivas a nivel terrenal, hasta finalizar en la súper conciencia humana. Esta es una memoria compleja que da fe de nuestra existencia, de nuestras relaciones con el entorno y la cual, con el desarrollo simbólico del cerebro, actualmente tiene múltiples acepciones ligadas en su relación con el tiempo cronometrable e histórico. Siendo la memoria del hombre una respuesta de función compleja, o una organización de memorias grabadas en tiempos cronometrables e historia natural grabada, todo lo cual es portado por el ADN y reflejado en nuestras conductas. También hay muchas formas de conciencias deformadas que nos llevan a conductas no relacionables con lo normal.

Las partículas tienen mayor conciencia de existencia en tiempo dilatado. La conciencia del hombre está sujeta a la velocidad de procesamiento de información cerebral. En lo que respecta a nuestras conductas, la conciencia no es estable en sus contextos y procedimientos, esto hace que sea bastante caótica cuando se analiza como bien o mal. Pero es nuestra conciencia existencial la que más nos guía en nuestra conducta diaria y situacional. Cada día confrontamos nuestro presente con nuestro contenido de conciencia, lo cual es la circunstancia temporal de nuestra existencia.

Los cuerpos complejos con la organización de moléculas complejas son los más recientes en la historia evolutiva natural, y se correlacionan con la vida. La abstracción sostenida aumenta el tiempo comprimido. ¿Podría un gravitón o fotón tener conciencia de su existencia?, la respuesta es sí. Tienen algo como libre albedrío que da fe de los comportamientos abigarrados y de su presencia. La conciencia tiene muchos recovecos que la hacen excesivamente compleja, cuyo caos funcional y disfuncional les da forma a todas las cosas. Permiten la singularidad (singular=1), y pluralidad (2 o más). Entre singular y plural a un nivel macroscópico y particular, hay caos. Nunca uno sabe 100% del otro, son diferentes. La conducta de uno se relaciona con el otro, pero siempre uno y uno son independientes, pareciera que hay un libre albedrío en las formas.

Lo singular es convergente y la interrelación entre dos es divergente, esto en relación con su transferencia de información, cada parte del plural sabe muy poco del singular con el cual se comunica. Una persona es un singular, dos personas son un plural, pues hay un caos comunicacional, nunca uno sabe 100% del otro, de allí los múltiples problemas entre los humanos, entre las parejas. El factor caótico está en cualquier circunstancia de la naturaleza, incluyendo la circunstancia social y cultural. ¿Qué significa el secreto militar, político o científico?, significa un factor de caos en el desenvolvimiento social. Este factor de caos comunicacional es producido por la inercia cerebral en el procesamiento de información, en un nivel entrópico.

Cuando conjeturamos de que quizás una civilización alienígena o superior, con mejores conocimientos y mejor tecnología que nosotros, va adelante, en relación con avances en la conquista del espacio, creo que nos estamos refiriendo a un "cerebro" en esas civilizaciones, que cuantifica las velocidades aentropicas (c+), y procesa sus conductas muy rápido, borrando así el factor de inercia entrópica. Esas supuestas civilizaciones deben manejar conscientemente la energía oscura y espacio negativo exótico. En la evolución de la ciencia, su contexto histórico, y juicio crítico de la historia natural, el caos representa una válvula de seguridad, y mantiene la funcionalidad del universo entrópico. Este se mantiene en una penumbra de conciencia donde, si sabemos la verdad, esta, es el resultado de concentrarnos puntualmente. Si esto ocurre tenemos que olvidar la verdad de conjunto y viceversa. Esto trae como consecuencia que nadie, ningún ser consciente, posee la verdad absoluta, tampoco la falsedad total, la cual estaría sujeta al mismo análisis. Todo ocurre así debido al retardo cerebral en el procesamiento de información.

En cierta forma, todavía tenemos confusión en el análisis en relación con la síntesis. El caos no está en la naturaleza, entendiendo esta, como la fisiología de todo el universo, sino dentro de nuestro cerebro que tiene inercia pasmosa con relación a la velocidad de la luz. Creo que realmente cada partícula, cada singularidad (**de singular**, no entendiendo singularidad en el sentido de los análisis de los agujeros negros), pasa información a todas las demás y recibe información de todas las demás. Así ocurre en el efecto mariposa y en el enmarañamiento cuántico. Pero ¿lo manejamos con conciencia?, no. Allí está el problema, habría que concientizar y trabajar a velocidades ultra rápidas tipo (c+).

Todas estas cosas son matices de nuestra conciencia en nuestra interrelación diaria. Me parece que es innegable la evolución. La molécula de ADN sea en la tierra o en cualquier parte del universo donde se haya formado, al igual que todos los hechos de nuestra historia natural, nos sugiere, que debe haber ocurrido en un proceso lento, poco a poco en el transcurso de muchos años hasta llegar a lo que es hoy día. Se observa la evolución en la estratificación de las funciones y estructura de los seres vivos, todo está organizado de lo simple a lo complejo, de lo principal a lo secundario, de lo inconsciente a lo consciente, y hay que entender los variadísimos matices que tolera la palabra conciencia.

Encontramos que en el hombre hay tres bloques interrelacionados y autorregulados, que en conjunto hacen de nosotros y nuestras conductas lo que somos. Podemos inferir, con bastante seguridad, que todo ello no ocurrió en un instante, lo vemos en los extractos del tiempo cronometrable. Aparentemente desde un comienzo. ¿Cuándo?

Hablar de conciencia es un atrevimiento académico, tiene muchos aspectos correlacionables en situación de historia evolutiva. Creo que, considerando al hombre como un ente más complejo, está formado por tres departamentos o módulos interconectados:

1- Departamento o módulo genético, observado en las funciones del ADN. Mantiene muchas funciones cuyo desarrollo lleva a la construcción o arquitectura del hombre. Este módulo es muy automático, y no obedece al libre albedrío. También debe haberse formado poco a poco, agregando genes y automatismos cada vez que algún proceso se había repetido muchas veces con éxito. Son aspectos profundos de nuestra organización estructural y bioquímica.

2- Un departamento o módulo equivalente a la molécula de ADN, pero que en aspectos fundamentales y funcionales se estratifica en el tallo cerebral, hipotálamo, base cerebral y algunas partes del cerebro. En este módulo están todas las funciones reflejas que nos automatizan, la alimentación, sexo, reproducción y conductas de repuesta emergente, muy estrictas como las emociones. Se activa y también se distorsionan con nuestras experiencias, forman el inconsciente y subconsciente, y respuestas automáticas de la estática, y reflejos complejos.

3- Departamento o módulo consciente, altamente autorregulado, probablemente más reciente en la historia de la evolución, y en relación con lo anteriormente dicho. Es el poseedor del libre albedrío, nos permite entrometernos en nuestra propia estructura y función. Nos permite amplio margen en el análisis situacional, análisis de circunstancias del entorno, nos permite hacer nuestros inventos, organizarnos socialmente. Somos dioses delante del resto de la naturaleza.

Todos esos tres departamentos conforman nuestra conciencia en muchos aspectos. Es el departamento cerebral que nos guía en el control diario de nuestro entorno altamente variable, nos guía en nuestra expresión libre para simbolizar la conciencia, aprender, socializarnos, crear nueva química, hacer nuestros hogares y tratarnos bien como especie.

A esta altura de la historia el cerebro consciente ha hecho mucho ya, es tiempo que varias o el total de cosas que hacemos con esfuerzo consciente ahora pasen al campo automatizado, formando parte de nuestro ADN. Y así dejar espacio en nuestro cerebro consciente para que este adopte tareas más elevadas, súper funciones para el manejo de la circunstancia cosmológica que toca explorar, debe trabajar más rápido, y así poder afrontar el cosmos con más éxito, en beneficio para el futuro de nuestra especie. Ello permitiría al hombre nuevos derroteros en el cosmos. La memoria se concientiza hacia el tiempo dilatado y se olvida hacia el tiempo concentrado, somos eternos hacia el tiempo dilatado y mortales hacia el tiempo concentrado, esta circunstancia es esencial en cosmología, nos da ventajas y desventajas en varias situaciones, es hacia el tiempo concentrado en principio donde actúa la complejidad.

El presente es la conciencia. Hay múltiples vértices de tiempo espacio, entre pasado y futuro. En el sentido estrictamente cuántico y cosmológico, la complicidad, vista desde el punto de vista analítico, es la estructura de la vida. El presente está permanentemente pasando a ser un recuerdo. Dentro de nuestra autoconciencia hay elementos que se reproducen nacen y mueren con su propia autoconciencia de existencia, por ejemplo: las células sanguíneas. Hay circunstancias oscuras en nuestra autoconciencia, por ejemplo: nacer y morir. Como vivencias en que todos participamos, no tenemos autoconciencia de ello. Así, de esa compleja organización de existencia, tenemos nuestra autoconciencia, pero no podemos inferir el comportamiento individual de cada una de las conciencias o existencias que nos forman. Esto representa una situación caótica en el análisis. Si bien son conciencias subordinadas, no podemos en forma tangible dirigir sus pasos.

En estos casos se imbrican conciencia libre y situacional con conciencia automática. De esta ecología de conciencias y existencias que nos conforman no podemos dar referencias instantáneas de sus conductas. Podríamos decir que el contenido de memoria de un cuerpo es inversamente proporcional al contenido de conciencia. Hay más conciencia, interpretada como existencia, cuando la vemos hacia tiempo dilatado. Cuando nos dormimos perdemos nuestra autoconciencia, esta, como un recuerdo, se olvida. Pero no perdemos nuestra autoconciencia automática, muy antigua. Pareciera que dormidos no tenemos conciencia presente, y he definido antes que conciencia es presente, es una situación muy diferente a lo que ocurre entre vivir y morir. Morir significa un colapso de nuestra conciencia y autoconciencia.

Capítulo XVIII
Mundo subcuántico

La energía y espacio oscuros permiten la aparición del vacío de la nada, y este autocontiene la energía oscura en varios grados. Derivado de cuánto contenido energético guardan, aparecen los gravitones, partículas sub-cuánticas que permiten la formación del universo cuántico, que es el universo que conocemos y cuya velocidad máxima de trabajo es, quizá, algo mayor a la velocidad cósmica de la luz. En un tiempo cronometrable variable presumiblemente muy grande, se fueron conformando unidades de autocontenidos mayores, ocurriendo en tiempos cronometrables variables, con contenido entrópico. Siendo los más estables: los protones.

Las unidades entrópicas deben reproducirse, se mueven en un espacio vacío amplio, esta circunstancia ocurre en tiempo dilatado (c+), así, la energía oscura forma los quartz, cuyas vidas se mueven a tiempos (c), esto nos indica que la energía oscura se autocontiene y pasa a moverse a velocidad (c), pero dentro de un vacío de la nada que permite este escenario. Por tanto, se conforman a velocidad (c+).

No podemos cuantificar la velocidad de la energía oscura en el espacio vacío porque ella nos contiene. La anti-gravedad contiene a la gravedad. Lo aentrópico es el futuro en que permanentemente expresa su existencia el mundo entrópico. De estas múltiples burbujas de expansión se origina el vacío eterno en que se mueven los grandes cuerpos celestes. Aentrópico-entrópico crean el universo como un todo. El universo cambia, desaparecen formas, pero se crean otras, finalmente, todo se expresa en un sistema autorregulado, autocontenido, en movimiento eterno, desde formas sub sub-cuánticas hasta el todo, como un universo indivisible.

De modo que, a nivel atómico, subatómico y sub-subatómico, las distancias son sustituidas por la velocidad en un equilibrio de espectros que subyacen a nuestras capacidad y perspectivas de cálculos. Toda nuestra bioquímica a nivel molecular, ADN y ARN, se realizan desde ese espectro de espacio tiempo o distancias que van de aentrópico a entrópico. Dentro del ADN y ARN, organelos celulares, hay inmensos galpones donde se fabrica la vida, y la vida de cada partícula o molécula. Ese espacio permite el trabajo intermolecular.

Capítulo XIX
Lo real y lo virtual

Mi punto de vista, sin meterme en teorías ni procedimientos tales como las simulaciones, el criterio holográfico o contextos históricos, que lo real es lo tangible, las cosas que podemos tocar y agarrar con nuestras manos nosotros mismos, todos los objetos materiales y objetos construidos por el hombre como las máquinas, vehículos, sillas, camas, etcétera. Estos objetos que llamamos reales, son los esqueletos que portan las funciones, estas, son virtuales. Sin embargo, las características virtuales manifiestan las dinámicas del mundo. Sería un mundo con un cuerpo sin vida si contiene, por ejemplo, aviones que no vuelan, vehículos que no andan, cocinas que no calientan, seres vivos que no comen, bombillas que no iluminan y muchas otras cosas que le dan utilidad y servicios a la naturaleza. Sin sus funciones sería una naturaleza muerta.

Las cosas que existen tangiblemente están incorporadas al tiempo cronometrable, y son susceptibles del fenómeno entrópico, pero estas formas o memorias grabadas tienen movimientos y acciones que están en el mundo virtual. Es el movimiento virtual el que hace la coreografía universal.

La imagen dinámica en un televisor es virtual, la voz a través de un móvil es virtual, y si lo que viene, de cualquier parte del mundo, no está cerca de nosotros, es virtual. De modo, que un objeto está presente y es real, pero su función presente o ausente es virtual, no la puedo objetivar en forma aislada. Girar es una condición virtual, son virtuales los sueños o pesadillas, la cavidad de dos láminas juntas, la imagen en el espejo, y muchas más. Una idea antes de realizarse, una necesidad no cumplida, las palabras habladas, las acciones de los verbos, hambre, sed, vivir, morir, necesidad estética, el pensamiento, las emociones son virtuales.

Lo virtual es la dinámica abstracta de la naturaleza. Toda la actividad creativa, pasa por un periodo virtual, hay virtualidades parciales, por ejemplo: vemos las estrellas ¿Son objetos reales?, la realidad disminuye mientras más nos alejemos del objeto, y la virtualidad pareciera actuar en sentido inverso, aumenta en cuanto nos alejamos del objeto, el mismo, que genera la función.

Entre lo real y lo virtual ocurre algo como lo del huevo y la gallina, ¿Quién fue primero?, pareciera, que debe ser y haber sido, la función, precediendo al aparato real que la genera. Tiene una inexistencia, como un ADN insustancial que espera el momento de la creación, o concentración del tiempo, para entrar en existencia. Toda la actividad creativa del hombre está en analizar y coordinar funciones virtuales archivadas en nuestra memoria ancestral, con ellas, construimos aparatos, obras de artes y todo el espectro de producción cerebral, a través del conocimiento.

Toda la actividad de la ciencia, son logros que están primeros como virtualidades en nuestros cerebros. El cerebro crea la necesidad virtual, la vislumbra en su entorno situacional, y ulteriormente va elaborando el aparato que desempeñará esa función, que es requerida, se necesita. Primero pensamos en el motor, y luego lo fabricamos, por tanto, el motor existió primero como algo virtual. Creo que la realidad virtual sigue siendo más virtual que real. También en la función del ADN persiste lo virtual a lo real. El ejercicio de la vida requiere de una estructura, la cual se necesita para la multivirtualidad compleja (¿?). La función de la vida podría existir, por siglos en una condición virtual.

Los artistas plasman en objetos, pinturas, poemas y escritos u obras musicales, sus partituras. Nuestras emociones y conflictos espirituales, todo ello es virtual. Todo lo real pareciera precedido por lo virtual, de hecho, si el espacio tiempo aparecieron alguna vez en el principio, existió primero en forma virtual, inexistir para existir.

Capítulo XX
Fuerza

El tiempo esencial, en la concepción espacio tiempo, es una fuerza, es el movimiento. Visto hasta aquí, en forma esencial, es una fuerza centrífuga y aentrópica. Pero las unidades de espacio tiempo a velocidad (c +) pueden producir el espacio vacío de la nada. En el cual, por su gran fuerza expansiva, dan origen a una atracción máxima centrípeta en su centro de vacío. En esta dinámica inimaginable las unidades de espacio tiempo esencial se autocontienen y generan formas más pesadas, más lentas y entre ellas aparecen formas estables cuya existencia, está en el constante caer en el espacio vacío de la nada. Eestas múltiples unidades de fuerzas atractivas, que son los gravitones, conforman el espacio vacío del lado atractivo del universo, y es correspondiente al universo entrópico.

Este espacio es francamente dinámico, temporal entre (c+) y (c). Y también se autocontiene para dar origen a elementos más formes y más lentos, que van a contener, y a la vez van a estar separados, por todas las micropartículas que ya conocemos. Todas en movimiento y portando fuerzas, cuya existencia está dada por su permanente caer en el vacío de la nada. A final de cuentas todas las partículas son auto-contenidos de espacio tiempo, mostrando su presencia en el vacío de la nada. Ya sea protones, electrones, neutrones, forman variados contenidos hasta llegar a los núcleos atómicos. Los núcleos atómicos y cada una de las subpartículas, a través de eones de años, fueron entretejiendo las formas que le dan el matiz a nuestra alfombra ya tejida de lo que el universo representa hoy.

Este es el rostro de nuestro universo y detalles cercanos, casi todos objetivos expresados en el contenido de nuestro globo terráqueo. En esencia, simple y complejo, en asociación dinámica eterna. Nuestro cerebro concientiza esta alfombra mágica en encriptados, los cuales son esencialmente latidos de nuestra magia cósmica. Ser algo, de lo que en esencia es nada. La información hecha estructura en el juego cósmico de intercambio podría reversiblemente retornar a unidades de espacio tiempo, y quizás a una condición primitiva atemporal. Veo en esta conjetura final una probabilidad de remoto imposible.

El girar está en la esencia del movimiento, de la fuerza en general y gravitacional en particular. El girar, como movimiento, lo veo como la estratagema cósmica de mantener conceptualmente el infinito de todo. La energía oscura conforma el espacio vacío universal, con un espectro de densidad de vacío que permite el gradiente de avidez de energía que arrastra el movimiento de todos los cuerpos celestes. Los cuerpos tragan gravitones y se abren paso en el vacío, el cual succiona y atrae los cuerpos, y estos caen permanentemente en el vacío o futuro. Así expresan su existencia. Creo que la energía oscura es positiva y ocupa el espacio que le permite la energía negativa exótica, esta es como calcetín al pie, arropa con su inexistencia a lo existente.

Creo que cualquier sistema giratorio, y son todos, tiene doble giro, un sistema gira en sentido contrario al otro. Tiempo esencial gira en el espacio y viceversa para dar origen a la unidad de tiempo espacio (¿?).

El gravitón es una fuerza atractiva y atractora, de sus conglomerados autocontenido, se originan los múltiples cuerpos que son a la vez los ladrillos que forman todo lo existente. La fuerza es la función, lo virtual, los cuerpos son estructuras grabadas, memorias grabadas, son lo real. Una esfera o gota, por ejemplo, es un ovillo de ondas cóncavas y convexas en una dinámica en conexión infinita, lo que creo sea una superposición cuántica. Nuestra objetivación es un encriptado. *Tengo mis dudas de que el bosón de Higgs sea realmente una partícula sin spin (¿?).*

El movimiento es fuerza, es energía, es tiempo, es memoria. El espacio tiempo es la unidad de movimiento a velocidad (c+). No creo en ninguna estructura de dos dimensiones, así lo conjeturen los matemáticos. Dos dimensiones son una abstracción, los entes que demuestran energía y velocidad son tridimensionales o polidimensionales. Entiendo que presión significa fuerza, velocidad y gravedad. Los gravitones, fotones y ondas electromagnéticas se mueven y transportan sus fuerzas, su energía. El espacio entre el protón y la energía oscura, y sus vidas, son eternas, permanentemente mostrando su existencia por caer en el futuro infinito o eterno, lo cual es la concavidad del vacío aentrópico (c+).

Todas las formas entrópicas contienen en esencia energía oscura, y en su evolución, en el tiempo, podría regresarse a ella. La gravedad es una fuerza de atracción que se ejerce en dos sentidos, en sentido centrípeto, por la atracción del espacio vacío de la nada, máximo en los centros de los cuerpos, los cuerpos tragan gravitones, y en sentido centrífugo, una fuerza expansiva que atrae globalmente a los cuerpos, estos muestran su existencia y movimiento al caer en el vacío anti gravitacional permanentemente, por toda la eternidad. De manera que, en lo microscópico, las partículas y subpartículas expresan sus existencias por sus movimientos, cayendo en el vacío de la nada, el cual se obtiene por la acción anti gravitacional del espacio tiempo. Y a nivel macroscópico, hasta cosmológico, igualmente, la existencia de un inmenso espacio vacío creado por acción del espacio tiempo anti gravitacional.

Capítulo XXI
Parte y todo

Aprecio mucho a los poetas porque ellos lo saben todo sin esas tediosas ecuaciones y fórmulas que utilizan los científicos. Son uno en el todo y viceversa, saben bellamente vivir, pintar y dar gracia a lo imposible, le bajan las estrellas a una novia y hacen del ocaso un amanecer. Transforman ruinas en flores, hacen trenzas de inexistencia, rosas con gotas de lluvia, y hablan con palabras enteras completas, no las fraccionan.

Bien, tratando de meditar sobre lo que es la parte y el todo, lo completo y singular de lo que es la fracción, y también establecer la verdadera existencia del plural, he observado que es difícil aislar aquel entero último que defina el número 1 (uno), que lo separe de verdad del resto, de tal manera que podamos remontar su colina, y así alcanzar el número 2. Me doy cuenta de que todos los números que definen algún plural están íntimamente, local y lejanamente relacionados, hay largos cordones de infinitos que los unen, no hay nada aislado, todo y todos somos uno, pero diferentes también, muy diferentes.

Si tomamos una partícula, o ser compuesto, en él lo que llamamos partes son unos, así vamos al último y también al primer eslabón, quizás la unidad de espacio tiempo es la eternidad, pero se reúsa a presentarse sola, dejarse ver como unidad, y la conocemos en plural, acompañadas de muchas. Quizás un poeta diría, nadando dentro un cardumen de existencia imaginaria, o cabalgando en la nada de sólida inexistencia. De manera que hablamos de ondas, bits, qubits, son plurales, pero ¿cómo discernir el singular en estas situaciones?, los singulares se interrelacionan y, en tiempos cronometrados, interrelacionados, en una situación máxima, aceptan los plurales, este es el universo.

En este paquete cabe todo, no se queda nada por fuera. ¿Verdad?, afuera queda el vacío de valor negativo, de la materia negativa, lo cual es el vacío exótico. Esto es el futuro, que tiende la alfombra roja para que nuestra existencia brille y resuene. Pero el universo es existencia, tiene entropía y se degradaría alguna vez… y volvería a nacer, tiene que tener otros matices y formas diferentes al previo. ¿Y con el vacío exótico que pasa?, ¿también cambiaría? Creo que en esencia no cambiaría, sus cambios, si los hubiera, no sufrirían degradación entrópica.

Si consideramos que uno (± 1) es singular, entonces podemos decir que uno está encriptado por un continente que es $\pm\,1$, pero este continente contiene un contenido que siempre será menor a más menos uno, contiene plurales, a excepción de la unidad espacio tiempo que es la unidad primigenia y última, y el universo como un todo. Unidad de espacio tiempo y el universo, son singulares. La unidad espacio tiempo la capturamos en plural. Sin embargo, los contenidos los capturamos en singular, si los vemos durante un tiempo esencial (¿?). Siempre se presenta como un plural, y el universo, si bien es el continente por excelencia, es plural por excelencia. Ya que contiene todos los contenidos conocidos o no hasta hoy.

La moraleja que se saca de esto es que no hay un singular aislado, todos están interrelacionados en múltiples infinitos que los relacionan, por ello yo como un singular ni siquiera me reconocería, porque es la dinámica de relación la que me da existencia real, pero soy, y tú eres, singulares en el sentido de que nunca otro yo con el mismo contenido puede ocupar mi yo. Uno contiene todo y todo está contenido en uno, así los extremos se tocan, 0 (cero) e infinito se harán iguales. En la convergencia inicia la existencia y la divergencia finalmente converge. Redundando en esto, resulta similar a cóncavo y convexo, uno en dos y dos en uno separados por súper velocidades cósmicas. ¿Podrá alguna vez concientizarse tangiblemente este barullo de singulares y plurales?

Los computistas cuánticos nos dicen que no hay necesidad de preguntar de dónde sale la información, dicen que aparentemente sale del vacío (de la vacíes) y que la información está aumentando, que el hombre la aumenta en la búsqueda de la realidad. Puede ser, pero pudiera ocurrir que la información se está organizando y, de esa forma, el hombre la lleva a conciencia. Y pensar más bien que el contenido de información universal sea bastante constante. No sabremos cuantas ovejas sueltas hay en la Patagonia hasta tanto las reunamos en el corral. No están aumentando las ovejas, solo están dispersas.

Capítulo XXII
La muerte (entropía)

El universo gravitacional, dominado por la velocidad de la luz, es un universo entrópico, quiere decir que ninguna de las formas que lo constituyen, sean cuerpos celestes o seres de la biodiversidad, son eternos, todos sufrirán un proceso de deterioro y desorganización que los llevarán a un colapso estructural y funcional, la muerte. Este fenómeno, la entropía, ha sido estudiado y constituye la segunda ley de termodinámica. Sus aplicaciones matemáticas han sido utilizadas en el manejo del calor en máquinas, en estudio de la información computacional y cuántica, con aplicaciones en simulaciones y holografía.

A través de la historia natural se ha observado que todos los cuerpos, en este proceso de desorganización, cumplen muchos ciclos de creación, desarrollo de una forma aparentemente estable y permanente, pero progresivamente involucionarán a un deterioro hasta colapsar sus formas y funciones.

Se dice que prevalece el desorden sobre el orden, es fácil desordenar, y requiere un gran esfuerzo mantener el orden. No recogemos el calor que se ha dispersado, no lo regresaremos a su estado previo, cualquier cosa que se rompe se mezcla o muere. ¡Claro! Si lo queremos hacer en un tiempo corto. Pero todos los restos de los muertos van a la tierra, se transforman y en mucho tiempo ellos volverán a las formas de la vida.

En el caso del hombre y los seres vivos en general, nacen, adquieren formas y funciones con características complejas, función de conciencia, movimientos, respuestas neurosensoriales, automatismos, reflejos complejos y voluntarios, y también reflejos neurovegetativos. De modo que el ser (el hombre) desempeña por un tiempo estas funciones, pero inexorablemente va deteriorándose hasta llegar a una condición decrépita y muere. Nacer es una condición convergente, crecemos por absorber de la naturaleza. Morir es una condición divergente, con la muerte se diseminan los componentes de las estructuras de la vida en el espacio cósmico, en cualquiera de los cuerpos espaciales existentes, donde nacer es utilizar lo que disociamos al morir.

La muerte tiene un alto impacto emocional, tanto en el que está muriendo como en sus allegados. Se dan cuenta de que no hay vuelta atrás, este hombre morirá e ira a la tierra. Ahora, ¿muere la conciencia?, pareciere que no, esta se mantendría en algo como una forma de ADN virtual, vibrante, quizás en la energía y espacio oscuro, esperará el momento en que el cosmos ofrezca condiciones y estructura, para volverse a ser consciente (¿?). Es el yo, nuestra esperanza. La entropía, la muerte, es utilizada por el hombre permanentemente para auto equilibrarse. Comemos porque matamos para vivir. Va implícito en los seres las características entrópicas. La entropía genera conflictos en las relaciones humanas, por infidelidad y deslealtad. Las relaciones humanas se mantienen a base de estas dos cualidades, fidelidad y lealtad, pero ninguna de estas dos circunstancias es permanente, irreversiblemente nuestro universo es entrópico y todo cambia. Los mares se contaminan y cambian, pareciera que se orientan en dirección de morir, más que a persistir en el tiempo con las características actuales. La atmósfera se desconforma de sus características actuales y nos asusta al ofrecernos un panorama de muerte futura, inminente, a menos que cambiemos nuestros hábitos de vida, de alto consumo y alta contaminación.

Tenemos muchas secuelas de los efectos de la entropía del pasado: miedos, cólera, ansiedad y derivados de estos sufrimientos ocurridos en las épocas difíciles en que fuimos presas, y vivíamos en el azar de la vida salvaje, entre los árboles y las cuevas. El hombre de aquellos tiempos estaba obligados a disputarse el alimento con las fieras, es entropía de la historia, la misma que interfiere ahora con nuestro presente, en el cual la ansiedad condimenta todavía el sufrimiento humano, haciendo de la sociología humana y animal un horno de procesamiento entrópico. Todavía estamos muy vigilantes, porque son muchas las fuerzas que nos pueden hacer caer en desorden definitivo, con posibilidades de aniquilarnos. La historia entrópica subyace en nuestro inconsciente y subconsciente.

BIBLIOGRAFÍA INFLUYENTE

Ashcroft Frances: The Spark of Life. 2012. E U of America.

Baker Alan: The Edge of Science 2013. Cpi Group (UK) Ltd.

Barnett Lincoln: The Universe and Dr. Einstein 1994. Mentor books P.

Blavatsky H. P: Isis unveiled Cambridge library collection. Versión digital 2012/1877.

Brockman John: The universo. Editedby 2014.

Brooks Michael: Free radicals. The overlook press, 2012.

Chopra Deepak: Buda. 2007. Impreso en Mexico.

Clegg Brian: The universo inside you 2012. CPI goup (UK) Press.

The god effect. 2006 St. Martin's Press.

Cobb Matthew: Life's Greatest Secret 2015. Perseus books grap.

Cox Brian & Jeff Forshaw: The quantum universe. Da capo press 2011. Why does $E=MC^2$. Dacapo press 2009.

Davies Paul: The mind of god 2005. Simon & Schuster paperbacks. How to build a time machine 2001. Penguin books publ.

Davies Paul and John Gribbin: The matter myth 1992.

Dembski William A: Inteligent Design 1999. Intervarsity press.

Dewdney Christopher: Soul of the Word 2008. Harper Collins publishers.

Doidge Norman, M.D. The brain that changes itself. A James H. Silbermanbook 2007.

Du Sautoy, Marcus: The Music of the primes harper Collins publishers 2003.

Eagleman, David: Incognito the secret lives of the Brain 2011. Pinguin group. USA.

Falk Dan: In search of time 2008. St Martin´s press.

Feynman Richard P. "Surely youre Joking, Mr, Feynman!" 1985. Editedby Edward Hutching. Six easy pieces 1989. Perseus books Group

Ford Kenneth W. The quantum world 2004. Harvard universitty press. 101 quantum questions. Harvard universitty Press 2011.

Francis Richard C. Epigenetics. The ultimate mystery at inheritance. 2011 ww Norton & company.

Gaensler Brian, PhD. Extreme cosmos. 2011. Penguin group. USA.

Goodwin Brian. 1994. How the leopard changed its spots. Princefon science libraty.

Greene Brian A: the hidden reality. 2011. Vintage books.

Gribbin John: Planet earth 2012. British library.

Gubser Steven. The Little book of string theory. 2010 princeton University press.

Hadfield Chris: An astronaut´s guide to lite. On earth. 2013. Randon House Canada.

Hawking Stephen: A Brief History or time 1998. Bantam books. And penrose Roger. 1996. The nature of space and time princetonn university press. The Grand Design. Bantam books. 2010.

Heine Steven J. dna is not destiny 2017. W.w. Norton & company.

Jarret Christian: Great myths of the Brain. Editorial offices 2015.

Johnson Mark: The meaning of the body. Aesthetics of human understanding. University of Chicago press 2007.

Kaku Michio: Beyoud Einstein. 1995. Anchour books N. York. The future of the mind. 2014. First edition. Parale worlds. Anchor books. 2003. Hyperspace. 1994. Anchor books group. Physics of the impossible. 2008. Anchor books edition.

Kaplan Robert: The nothing that is. 1999. Oxford university press.

Krauss Laurence M. Star trek.1995. Levitan Kaczmarek: The Neuron. Oxford university press. 1991.

Majid Shahn (Editedby) on space and time. 2008.

Marks Roberts. Aritmética binaria para computadoras. 1976. Editorial Limusa.

Martin Joseph B. MD., PhD. Edited by. Molecular- Neurology 1998.

Mc Manus Chris. Right Hand, left hand.2002. Phoenix. G. Britain.

Melia Fulvio: Cracking the Einstein Code. 2009. University of Chicago press.

Mora Plácido Javier: Procesos Biológicos.

Nicolelis Miguel: beyond Boundaries. 2012. St. Martin´s press.

Penrose Roger: Cycles of time. 2011. Alfred A. Knopf publishers. N. Y.

Pirsig Robert M. The art of motorcycle maintenance. Harper Collins piblishers, inc. 2006.

Randall Lisa: Dark Matter and the Dinosaurs. 2015. Harper Collins publishar.

Sagan Carl: The varieties of scientic experience. Edited by ann Druyan.

Santinover Jeffrey: The quantum Brain. 2001. Printed in E.U of America.

Schroeder Gerald L. PhD. Génesis and the Big Bang. Bantam books. 1992.

Schweber Silvan S. QED. And the men who made it. Princeton university press. 1994.

Shing Tung Yau and Steve Nadis. The shape of inner space. Perseus books group. 2010.

Sole Ricard, and Goodwin Brian. Signs of life. Perseus books group 2000.

Starger Curt: Deep Future 2011. Harper Collins LtD.

Steinhardt Paul J. and Neil Turok. Enless universo. 2007. Broadway books.

Swimme Brian Thomas: Journey of the universo. Yale university press. 2011.

Vedral Vlatko: Decoding reality. Oxford university press. 2010.

Watson James D. The Double Helix. 1968. Published by Simon & Schuster.

Wheeler John Archibald. Geons, black Holes & Quantum Foam. 1998. A Journey into gravily and spacetime. 1999. Scientific American library.

Yourgrau Palle: (the forgotten legacy of godel and Einstein). A world without time. Perseus books group 2005. Zen textos: Nada sagrado. 1998.

Zukay Gary: The Danciny Wu Li Masters. 2001. Harper Collins books. The seat of the soul. 1914.

www.ingramcontent.com/pod-product-compliance
Lightning Source LLC
Chambersburg PA
CBHW030312160726
47992CB00005B/1978